内 容 简 介

西部地区是我国最重要的生态安全屏障，是国家生态系统保护修复的主战场。本书介绍了西部生态系统空间格局及其演变，综述了科技支撑西部生态系统保护修复的重要进展，评估了生态系统保护修复成效，分析了生态系统保护修复面临的问题和挑战，研判了生态系统保护修复的发展态势，提出了新时期科技支撑西部生态系统保护修复的使命和重点任务。

本书可为从事西部地区生态系统评估、生态系统保护修复等相关领域工作的管理者、科研工作者和学生提供参考。

审图号：京审字（2024）G 第 2190 号

图书在版编目（CIP）数据

科技支撑西部生态系统保护修复 / 中国科学院生态系统保护修复专题研究组编 . -- 北京 ：科学出版社，2024. 10. --（科技创新与美丽中国 ：西部生态屏障建设）. -- ISBN 978-7-03-079837-4

Ⅰ . X171.4

中国国家版本馆 CIP 数据核字第 20240FC843 号

丛书策划：侯俊琳　朱萍萍
责任编辑：杨婵娟　陈晶晶 / 责任校对：韩　杨
责任印制：赵　博 / 封面设计：有道文化
内文设计：北京美光设计制版有限公司

科学出版社 出版
北京东黄城根北街16号
邮政编码：100717
http://www.sciencep.com
北京中科印刷有限公司印刷
科学出版社发行　各地新华书店经销

＊

2024年10月第 一 版　开本：787×1092　1/16
2025年 6 月第二次印刷　印张：11 3/4
字数：152 000

定价：128.00元
（如有印装质量问题，我社负责调换）

科技创新与美丽中国：西部生态屏障建设

国家科学思想库
决策咨询系列

科技支撑西部生态系统保护修复

中国科学院生态系统保护修复专题研究组

科学出版社

北　京

"科技创新与美丽中国：西部生态屏障建设"战略研究团队

总负责

侯建国

战略总体组

常　进　高鸿钧　姚檀栋　潘教峰　王笃金　安芷生
崔　鹏　方精云　于贵瑞　傅伯杰　王会军　魏辅文
江桂斌　夏　军　肖文交

生态系统保护修复专题研究组

组　长　傅伯杰

成　员　（按姓氏拼音排序）

白永飞　中国科学院植物研究所

陈　曦　中国科学院新疆生态与地理研究所

陈毅峰　中国科学院水生生物研究所

樊　杰　中国科学院地理科学与资源研究所

傅伯杰　中国科学院生态环境研究中心

刘国彬　　中国科学院水利部水土保持研究所

刘国华　　中国科学院生态环境研究中心

孔令桥　　中国科学院生态环境研究中心

马克明　　中国科学院生态环境研究中心

欧阳志云　中国科学院生态环境研究中心

强小科　　中国科学院地球环境研究所

邵明安　　中国科学院水利部水土保持研究所

王克林　　中国科学院亚热带农业生态研究所

王艳芬　　中国科学院大学

王玉宽　　中国科学院成都山地灾害与环境研究所

吴　宁　　中国科学院成都生物研究所

徐卫华　　中国科学院生态环境研究中心

于贵瑞　　中国科学院地理科学与资源研究所

张扬建　　中国科学院地理科学与资源研究所

张元明　　中国科学院新疆生态与地理研究所

赵新全　　中国科学院西北高原生物研究所

朱永官　　中国科学院生态环境研究中心

总　序

"生态兴则文明兴，生态衰则文明衰。"党的十八大以来，以习近平同志为核心的党中央把生态文明建设纳入"五位一体"总体布局和"四个全面"战略布局，放在治国理政的重要战略地位。构建生态屏障是推进生态文明建设的重要内容。习近平总书记在全国生态环境保护大会、内蒙古考察、四川考察、新疆考察、青海考察等多个场合，都突出强调生态环境保护的重要性，提出筑牢我国重要生态屏障的指示要求。西部地区生态环境相对脆弱，保护好西部地区生态，建设好西部生态屏障，对于进一步推动西部大开发形成新格局、建设美丽中国及中华民族可持续发展和长治久安具有不可估量的战略意义。科技创新是高质量保护和高质量发展的重要支撑。当前和今后一个时期，提升科技支撑能力、充分发挥科技支撑作用，成为我国生态文明建设和西部生态屏障建设的重中之重。

中国科学院作为中国自然科学最高学术机构、科学技术最高咨询机构、自然科学与高技术综合研究发展中心，服务

国家战略需求和经济社会发展，始终围绕现代化建设需要开展科学研究。自建院以来，中国科学院针对我国不同地理单元和突出生态环境问题，在地球与资源生态环境相关科技领域，以及在西部脆弱生态区域，作了前瞻谋划与系统布局，形成了较为完备的学科体系、较为先进的观测平台与网络体系、较为精干的专业人才队伍、较为扎实的研究积累。中国科学院党组深刻认识到，我国西部地区在国家发展全局中具有特殊重要的地位，既是生态屏障，又是战略后方，也是开放前沿。西部生态屏障建设是一项长期性、系统性、战略性的生态工程，涉及生态、环境、科技、经济、社会、安全等多区域、多部门、多维度的复杂而现实的问题，影响广泛而深远，需要把西部地区作为一个整体进行系统研究，从战略和全局上认识其发展演化特点规律，把握其禀赋特征及发展趋势，为贯彻新发展理念、构建新发展格局、推进美丽中国建设提供科学依据。这也是中国科学院对照习近平总书记对中国科学院提出的"四个率先"和"两加快一努力"目标要求，履行国家战略科技力量职责使命，主动作为于 2021 年 6 月开始谋划、9 月正式启动"科技支撑中国西部生态屏障建设战略研究"重大咨询项目的出发点。

重大咨询项目由中国科学院院长侯建国院士总负责，依托中国科学院科技战略咨询研究院（简称战略咨询院）专业化智库研究团队，坚持系统观念，大力推进研究模式和机制创新，集聚了中国科学院院内外 60 余家科研机构、高等院校的近

400 位院士专家，有组织开展大规模合力攻关，充分利用西部生态环境领域的长期研究积累，从战略和全局上把握西部生态屏障的内涵特征和整体情况，理清科技需求，凝练科技任务，提出系统解决方案。这是一项大规模、系统性的智库问题研究。研究工作持续了三年，主要经过了谋划启动、组织推进、凝练提升、成果释放四个阶段。

在谋划启动阶段（2021 年 6～9 月），顶层设计制定研究方案，组建研究团队，形成"总体组、综合组、区域专题组、领域专题组"总分结合的研究组织结构。总体组在侯建国院长的带领下，由中国科学院分管院领导、学部工作局领导和综合组组长、各专题组组长共同组成，负责项目研究思路确定和研究成果指导。综合组主要由有关专家、战略咨询院专业团队、各专题组联络员共同组成，负责起草项目研究方案、综合集成研究和整体组织协调。各专题组由院士专家牵头，研究骨干涵盖了相关区域和领域研究中的重要方向。在区域维度，依据我国西部生态屏障地理空间格局及《全国重要生态系统保护和修复重大工程总体规划（2021—2035 年）》等，以青藏高原、黄土高原、云贵川渝、蒙古高原、北方防沙治沙带、新疆为六个重点区域专题。在领域维度，立足我国西部生态屏障建设及经济、社会、生态协调发展涉及的主要科技领域，以生态系统保护修复、气候变化应对、生物多样性保护、环境污染防治、水资源利用为五个重点领域专题。2021 年 9 月 16 日，重大咨询项目启动会召开，来自院内外近 60 家科研机构和高等院校的

220 余名院士专家线上、线下参加了会议。

在组织推进阶段（2021 年 9 月～2022 年 9 月），以总体研究牵引专题研究，专题研究各有侧重、共同支撑总体研究，综合组和专题组形成总体及区域、领域专题研究报告初稿。总体研究报告主要聚焦科技支撑中国西部生态屏障建设的战略形势、战略体系、重大任务和政策保障四个方面，开展综合研究。区域专题研究报告聚焦重点生态屏障区，从本区域的生态环境、地理地貌、经济社会发展等自身特点和变化趋势出发，主要研判科技支撑本区域生态屏障建设的需求与任务，侧重影响分析。领域专题研究报告聚焦西部生态屏障建设的重点科技领域，立足全球科技发展前沿态势，重点围绕"领域—方向—问题"的研究脉络开展科学研判，侧重机理分析。在总体及区域、领域专题研究中，围绕"怎么做"，面向国家战略需求，立足区域特点、科技前沿和现有基础，研判提出科技支撑中国西部生态屏障建设的战略性、关键性、基础性三层次重大任务。其间，重大咨询项目多次组织召开进展交流会，围绕总体及区域、领域专题研究报告，以及需要交叉融合研究的关键方面，开展集中研讨。

在凝练提升阶段（2022 年 10 月～2024 年 1 月），持续完善总体及区域、领域专题研究报告，围绕西部生态屏障的内涵特征、整体情况、科技支撑作用等深入研讨，形成决策咨询总体研究报告精简稿。重大咨询项目形成"1+11+N"的研究成果体系，即坚持系统观念，以学术研究为基础，以决策咨询为目标，形成 1 份总体研究报告；围绕 6 个区域、5 个领域专题研究，形成 11 份专题研究报告，作为总体研究报告的附件，既分别自成体系，又系统支撑总体研究；面向服务决策咨询，形成 N 份专报或政策建议。2023 年 9 月，中国科学院和国务院研究室共同商议后，确定以"科技支撑中国西部生态屏障建设"作为中国科学院与国务院研究室共同举办的第九期"科学家月谈会"主题。之后，综合组多次组织各专题组召开研讨会，重点围绕总体研究报告要点，西部生态屏障的内涵特征和整体情况，战略性、关键性、基础性三层次重大科技任务等深入研讨，为凝练提升总体研究报告和系列专报、筹备召开"科学家月谈会"释放研究成果做准备。

在成果释放阶段（2024 年 2～4 月），筹备组织召开"科学家月谈会"，会前议稿、会上发言、会后汇稿相结合，系统凝练关于科技支撑西部生态屏障建设的重要认识、重要判断和重要建议，形成有价值的决策咨询建议。综合组及各专题组多轮研讨沟通，确定会上系列发言主题和具体内容。2024 年 4 月 8 日，综合组组织召开"科技支撑中国西部生态屏障建设"议稿会，各专题组代表参会，邀请有关政策专家到会指导，共同讨论凝练核心观点和亮点。4 月 16 日上午，第九期"科学家月谈会"召开，侯建国院长和国务院研究室黄守宏主任共同主持，12 位院士专家参加座谈，国务院研究室 15 位同志参会。会议结束后，侯建国院长部署和领导综合组集中研究，系统凝练关于科技支撑西部生态屏障建设的重要认识、

重要判断和重要建议，并指导各专题组协同联动凝练专题研究报告摘要，形成总体研究报告摘要、11份专题研究报告摘要对上报送，在强化西部生态屏障建设的科技支撑上发挥了积极作用。

经过三年的系统性组织和研究，中国科学院重大咨询项目"科技支撑中国西部生态屏障建设战略研究"完成了总体研究和6个重点区域、5个重点领域专题研究，形成了一系列对上报送成果，服务国家宏观决策。时任国务院研究室主任黄守宏表示，"科技支撑中国西部生态屏障建设战略研究"系列成果为国家制定相关政策和发展战略提供了重要依据，并指出这一重大咨询项目研究的组织模式，是新时期按照新型举国体制要求，围绕一个重大问题，科学统筹优势研究力量，组织大兵团作战，集体攻关、合力攻关，是新型举国体制一个重要的也很成功的探索，具有体制模式的创新意义。

在研究实践中，重大咨询项目建立了问题导向、证据导向、科学导向下的"专家＋方法＋平台"综合性智库问题研究模式，充分发挥出中国科学院体系化建制化优势和高水平科技智库作用，有效解决了以往相关研究比较分散、单一和碎片化的局限，以及全局性战略性不足、系统解决方案缺失的问题。一是发挥专业研究作用。战略咨询院研究团队负责形成重大咨询项目研究方案，明确总体研究思路和主要研究内容等。之后，进一步负责形成了总体及区域、领域专题研究报告提纲要点，承担总体研究报告撰写工作。二是发挥综合集成作用。战略咨询院研究团队承担了融合区域问题和领域问题的综合集成深入研究工作，在研究过程中紧扣重要问题的阶段性研究进展，遴选和组织专家开展集中式研讨研判，鼓励思想碰撞和相互启发，通过反复螺旋式推进、循证迭代不断凝聚专家共识，形成重要认识和判断。同时，注重吸收青藏高原综合科学考察、新疆综合科学考察、全国生态系统调查评估、全国矿产资源国情调查等最新成果。三是强化与政策研究和主管部门的对接。依托中国科学院与国务院研究室共同组建的中国创新战略和政策研究中心，与国务院研究室围绕重要问题和关键方面，开展了多次研讨交流和综合研判。重视与国家发展和改革委员会、科技部、自然资源部、生态环境部、水利部等主管部门保持密切沟通，推动有关研究成果有效转化为相关领域政策举措。

"科技支撑中国西部生态屏障建设战略研究"重大咨询项目的高质高效完成，是中国科学院充分发挥建制化优势开展重大智库问题研究的集中体现，是近400位院士专家合力攻关的重要成果。据不完全统计，自2021年6月重大咨询项目开始谋划以来，项目组内部已召开了200余场研讨会。其间，遵循新冠疫情防控要求，很多研讨会都是通过线上或"线上＋线下"方式开展的。在此，向参与研究和咨询的所有专家表示衷心的感谢。

重大咨询项目组将基础研究成果，汇聚形成了这套"科技创新与美丽中国：西部生态屏障建设"系列丛书，包括总体研究报告和专题研究报告。总体研究报告是对科技支撑中国西部生态屏障建设的战略思考，包括总论、重点区域、重点领域三个部分。总论部分主要论述西部生态屏障的内涵特征、整体情况，以及科技支撑西部生态屏障建设的战略体系、重大任务和政策保障。重点区域、重点领域部分既支撑总论部分，也与各专题研究报告衔接。专题研究报告分别围绕重点生态屏障区建设、西部地区生态屏障重点领域，论述发挥科技支撑作用的重点方向、重点举措等，将分别陆续出版。具体包括：科技支撑青藏高原生态屏障区建设，科技支撑黄土高原生态屏障区建设，科技支撑云贵川渝生态屏障区建设，科技支撑新疆生态屏障区建设，科技支撑西部生态系统保护修复，科技支撑西部气候变化应对，科技支撑西部生物多样性保护，科技支撑西部环境污染防治，科技支撑西部水资源综合利用。

西部生态屏障建设涉及的大气、水、生态、土地、能源等要素和人类活动都处在持续发展演化之中。这次战略研究涉及区域、领域专题较多，加之认识和判断本身的局限性等，系列报告还存在不足之处，欢迎国内外各方面专家、学者不吝赐教。

科技支撑西部生态屏障建设战略研究、政策研究需要随着形势和环境的变化，需要随着西部生态屏障建设工作的深入开展而持续深入进行，以把握新情况、评估新进展、发现新问题、提出新建议，切实发挥好科技的基础性、支撑性作用，因此，这是一项长期的战略研究任务。系列丛书的出版也是进一步深化战略研究的起点。中国科学院将利用好重大咨询项目研究模式和专业化研究队伍，持续开展有组织的战略研究，并适时发布研究成果，为国家宏观决策提供科学建议，为科技工作者、高校师生、政府部门管理者等提供参考，也使社会和公众更好地了解科技对西部生态屏障建设的重要支撑作用，共同支持西部生态屏障建设，筑牢美丽中国的西部生态屏障。

总报告起草组

2024 年 7 月

前　言

　　受气候与地形的影响，我国西部发育了地球上独具特色的生态系统及其组合，分布有森林、草地、湿地、湖泊、苔原、冰川和沙漠，是我国生物资源的宝库、生态产品的主要提供区和生态安全屏障的主体，也是全球生物多样性保护的热点区。复杂的地貌与干旱、高寒的气候环境导致西部地区生态系统脆弱，对人类活动高度敏感，形成我国最大的生态脆弱区。

　　西部一直是我国生态系统保护修复的主战场，是全国生态系统保护修复的重点投入区域。2000 年以来实施的天然林保护工程、退耕还林还草工程、西藏生态安全屏障保护与建设工程、三江源生态保护和建设工程、塔里木河流域生态治理、全国湿地保护工程、岩溶地区石漠化综合治理工程，以及山水林田湖草沙一体化保护和修复工程等全国与区域重大生态系统保护修复工程取得了明显的成效，为保障全国生态安全做出了重大贡献。

　　然而，西部生态安全仍然面临问题与挑战。受地形、水分与土壤特征的影响，西部地区生态环境脆弱、稳定性低，是我国土地沙化、水土流失、石漠化的集中分布区，以及沙尘暴源区与泥石流等灾害高风险区，退化面积广、治理难度大，其土地退化面积占比与退化程度远高于全国其他地区。这些生态系统脆弱区域对人类活动高度敏感，生态系统稳定性低，可持续性差，修复困难。生物多样性也面临严重威胁，栖息地丧失与破碎化严重，动植物濒危物种数量多且面临极高的灭绝风险。此外，西部还是我国地质灾害与森林火灾的高风险区、气候变化的高敏感区，未来生态安全面临许多挑战。

"生态系统保护修复"是中国科学院重大咨询项目"科技支撑中国西部生态屏障建设战略研究"的专题之一，由傅伯杰院士领衔，主要目标是分析我国西部生态系统空间格局及其演变，综述科技支撑西部生态系统保护修复的重要进展，评估生态系统保护修复的成效，分析生态系统保护修复面临的问题和挑战，研判生态系统保护修复的发展态势，提出新时期科技支撑西部生态系统保护修复的使命和重点任务。

本书是生态系统保护修复专题研究组全体参与人员共同努力的成果。在大家充分讨论交流的基础上，本书由傅伯杰、欧阳志云设计总体框架，第一章由黄斌斌、孔令桥、欧阳志云撰写，第二章由张小标、孔令桥、黄斌斌撰写，第三章由孔令桥、欧阳志云、黄斌斌撰写，第四章由郑华、徐卫华、岳跃民、吕一河、冯晓明、袁秀、孔令桥撰写，第五章由徐卫华、刘国华、陈曦、赵新全、刘国彬、吴宁、白永飞、傅伯杰、欧阳志云撰写，最后由傅伯杰、欧阳志云、孔令桥统稿。本书所有有关 2000～2020 年的分析数据均来源于全国生态状况调查评估项目（2000～2010 年，2010～2015 年，2015～2020 年），分析范围包括中国西部 12 个省（自治区、直辖市）（重庆市、四川省、陕西省、云南省、贵州省、广西壮族自治区、甘肃省、青海省、宁夏回族自治区、西藏自治区、新疆维吾尔自治区、内蒙古自治区）。

最后，感谢中国科学院科技战略咨询研究院在专题工作开展、丛书撰写及出版过程中提供的帮助和便利条件，感谢科学出版社在书稿修订过程中提出的建议。

中国科学院生态系统保护修复专题研究组

2024 年 8 月

目　录

第一章

西部生态系统及其演变

　　我国西部地区，作为一个重要的经济地理分区，涵盖了 12 个省（自治区、直辖市）。西部地区拥有丰富多样的气候和极其复杂的地形地貌。受多样化的气候和复杂地形的影响，西部地区孕育了包括热带森林、高原苔原、冰川、沙漠等在内的丰富多样的生态系统。这些生态系统不仅在维持区域生物多样性方面发挥着重要作用，还通过提供水源涵养、土壤保持、防风固沙、地上植被碳库、生物多样性保护等多种生态系统服务，为西部乃至全国的经济发展和生态安全提供了坚实的保障。然而，近年来人类活动对西部地区的自然生态系统产生了不同程度的影响，导致部分地区和不同的生态系统质量有所下降，进而影响了生态系统服务的供给能力，加剧了西部地区的生态风险，影响了经济可持续发展和人民群众的幸福健康。科学评估西部地区的生态系统结构、生态系统质量和生态系统服务的现状和变化，不仅是维护区域生态安全的迫切需求，也是实现西部地区经济社会可持续发展的基础。在全球环境变化的背景下，西部地区生态系统的健康与稳定显得尤为重要。优化生态系统结构、提升生态系统质量、优化生态服务供给，将有助于增强西部地区在生态屏障中的战略地位，为国家生态安全和可持续发展做出更大贡献。

第一节　生态系统类型与分布

　　我国西部地区地域辽阔，涵盖了从干旱到湿润、从高山到盆地等多种自然条件。这种地域的辽阔和自然条件的复杂性为不同类型的生态系统提供了生长和发育的环境。西部地区气候条件多样，形成温带、寒带、亚热带等多种气候类型。这种气候条件的差异直接影响了植被的生长和分布，进而形成了不同类型的生态系统。例如，西北地区由于降水量少，形成了草原和荒漠生态系统；而西南地区由于降水充沛，形成了森林和湿地生态系统。与此同时，西部地区地形地貌复杂多样，包括高原、山地、盆地、沙漠等。地形的多样性导致了生态环境的异质性，使得不同地区的生态系统类型有所差异。例如，山地地区的生态系统往往比平原地区更为复杂，包含了更多的植被类型和动物种类。此外，人类活动虽然在一定程度上对西部地区生态系统造成了破坏，但也促进了生态系统的多样性分布。例如，农业活动使得农田生态系统在西部地区广泛分布；而畜牧业的发展则促进了草原生态系统的形成。因此，辽阔的地域、空间差异显著的气候、多样化的地形地貌和人类活动等因素的共同作用，使得西部地区形成了丰富多样的生态系统类型（Liu et al.，2021；欧阳志云等，2015）。

一、生态系统类型与空间格局

我国西部地区生态系统类型多样，以草地、森林、农田和荒漠四种类型生态系统为主，四者的总和面积约占西部地区总面积的83.42%。其中，草地生态系统面积最大，约占西部地区总面积的39.62%；同时西部地区也是我国草地的主要分布区，其草地面积占全国草地总面积的96.16%。尽管森林面积仅占西部地区总面积的14.45%，但是西部地区的森林面积占全国森林总面积的比例超过45%，西部地区是我国重要的森林分布区。类似地，尽管农田面积仅占西部地区总面积的9.34%，但是西部地区农田面积约占全国农田总面积的1/3，西部地区是我国重要的粮食生产供给区之一。荒漠面积占西部地区总面积的比例为20.01%，西部地区也是全国荒漠最主要的分布地区。此外，西部地区还分布着灌丛、湿地、城镇生态系统，面积占西部地区总面积的比例分别为7.58%、3.15%、1.24%（表1-1）。空间上，西部地区的森林、灌丛和农田主要集中分布在西南和东部，草地和荒漠等生态系统广泛分布在西北部（图1-1）。

表 1-1　西部地区各类生态系统面积构成（2020 年）

生态系统类型	面积 / 万 km²	占西部地区总面积的比例 /%	占全国该类生态系统面积的比例 /%
森林	97.14	14.45	48.35
灌丛	50.99	7.58	76.62
草地	266.36	39.62	96.16
湿地	21.15	3.15	56.31
农田	62.76	9.34	36.57
城镇	8.33	1.24	27.33
荒漠	134.54	20.01	99.98
其他（冰川 / 永久积雪、裸地）	30.99	4.61	96.64

（一）森林生态系统

西部地区森林生态系统的面积为 97.14 万 km²，主要分布于西部地区东北和西南的湿润、半湿润区［图 1-2（a）和图 1-3］。

西部地区森林类型包括阔叶林、针叶林和稀疏林三大类。其中，阔叶林生态系统由常绿阔叶林和落叶阔叶林组成，总面积为 38.69 万 km²，占西部地区总面积的 5.76%，占西部地区森林生态系统面积的 39.83%。落叶阔叶林是西部地区重要的阔叶林植被类型，主要集中分布在内蒙古高原东北部。此外，常绿阔叶林也是西部地区主要的阔叶林植被类型，广泛分布于西南边陲。针叶林生态系统由常绿针叶林和落叶针叶林组成，总面积为 58.14 万 km²，占西部地区总面积的 8.65%，占西部地区森林生态系统面积的 59.85%。其中，常绿针叶林在森林生态系统中比例最高，广泛分布于西南亚热带低山、丘陵和平地。落叶针叶林在西部地区集中分布于大兴安岭林区和阿尔泰山。稀疏林生态系统由稀疏林和迹地组成，其中稀疏林面积为 0.24 万 km²，占西部地区总面积的 0.04%，占西部地区森林生态系统面积的 0.25%。

不同省份的森林面积差异极大。总体上，森林主要分布在内蒙古、云南、四川和西藏等省份。其中云南的森林面积最大，超过 20 万 km²。

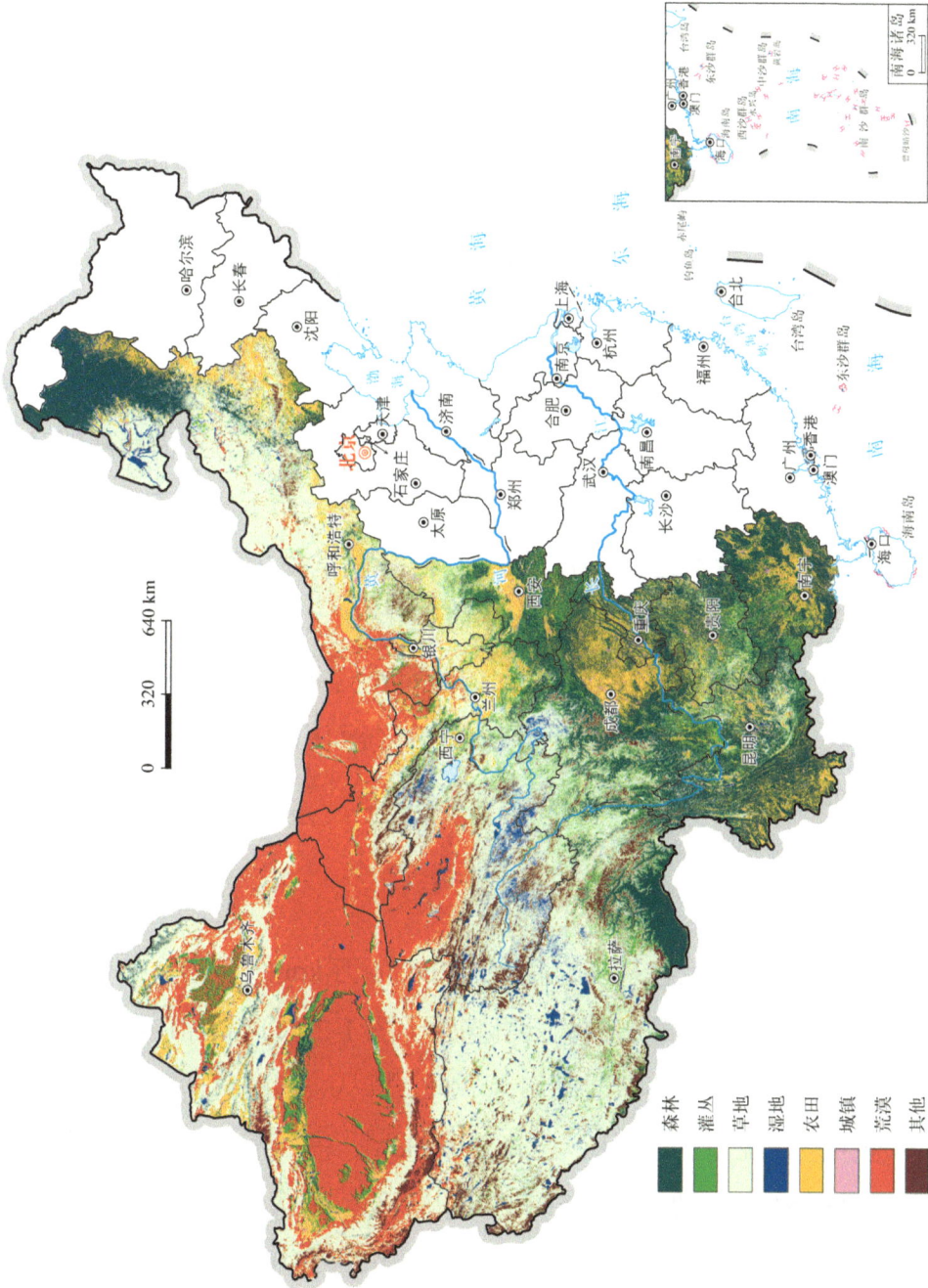

图 1-1 西部地区生态系统类型构成及其空间分布（2020 年）

森林
灌丛
草地
湿地
农田
城镇
荒漠
其他

其次是四川和内蒙古，森林面积均超过 15 万 km^2。宁夏的森林面积最小，仅为 0.07 万 km^2。

（二）灌丛生态系统

西部地区灌丛生态系统的面积为 50.99 万 km^2，主要分布在天山和环塔里木盆地周边地区、关中地区、藏东南和云贵高原 [图 1-2（b）和图 1-3]。

西部地区灌丛包括阔叶灌丛、针叶灌丛和稀疏灌丛三大类。其中，阔叶灌丛面积最大，总面积为 42.23 万 km^2，占西部地区灌丛生态系统面积的 82.82%，集中分布于黄土高原、藏东南以及云贵高原等地。针叶灌丛与稀疏灌丛面积分别为 0.56 万 km^2 与 8.20 万 km^2，分别占西部地区灌丛生态系统面积的 1.10% 与 16.08%，前者主要分布于川藏交界高海拔区及青藏高原，后者多见于塔克拉玛干、腾格里等大型荒漠内部或边缘。

不同省份的灌丛面积存在较大差异。总体上，灌丛主要集中分布在新疆、四川与西藏等省份。其中，新疆的灌丛生态系统面积最大，超过 9 万 km^2。其次是四川和西藏，灌丛生态系统面积均超过 1 万 km^2。重庆和宁夏的灌丛面积最小，均不超过 1 万 km^2。

（三）草地生态系统

西部地区草地生态系统的面积为 266.36 万 km^2，广泛分布于内蒙古高原、天山地区、青藏高原和云贵高原 [图 1-2（c）和图 1-3]。

西部地区的草地共包括草甸、草原、草丛、稀疏草地四大类，其中以草原生态系统为主，面积为 116.00 万 km^2，占西部地区草地生态系统面积的 43.55%，主要集中分布于内蒙古高原。其次是稀疏草地，面积为 101.45 万 km^2，占西部地区草地生态系统面积的 38.09%，主要集中分布于青藏高原西部。草甸面积为 39.22 万 km^2，占西部地区草地生态系统面积的 14.72%，主要集中分布于青藏高原。草丛面积最小，仅为 9.68 万 km^2，占西部地区草地生态系统面积的 3.63%，主要分布于云贵高原。

不同省份的草地面积差异巨大。总体上，草地生态系统主要集中分布在西藏、新疆和内蒙古。这些省份的草地生态系统面积均超过 50 万 km^2。其次，青海、甘肃和四川也分布着较大范围的草地生态系统，均超过 10 万 km^2。

（四）湿地生态系统

西部地区湿地面积为 21.15 万 km^2，主要集中分布于大兴安岭和青藏高原 [图 1-2（d）和图 1-3]。

西部地区的湿地共包括沼泽、水体、滩涂 3 个二级类。其中，沼泽总面积为 10.33 万 km^2，占西部地区总面积的 1.54%，占湿地生态系统面积的 48.84%，包括森林沼泽、灌丛沼泽、草本沼泽、盐沼湿地 4 个三级类。目前沼泽湿地多分布于青藏高原等地。水体总面积为 9.91 万 km^2，占西部地区总面积的 1.47%，占湿地生态系统面积的 46.86%。西部地区水体一般统计为常年水面和季节性水面，主要为河流与湖泊，其主要分布于西南，包括西南诸河、青藏高原湖泊。滩涂总面积为 0.91 万 km^2，占西部地区总面积的 0.14%，占湿地生态系统面积的 4.30%。

湿地主要分布在青海、西藏、内蒙古、新疆和四川等省份。其中，青海和西藏的湿地生态系统分布最为广泛，面积超过 5 万 km^2，内蒙古、新疆和四川的湿地生态系统面积也较大，均超过 1 万 km^2。

（五）农田生态系统

西部地区的农田总面积为 62.76 万 km^2，占西部地区总面积的 9.34%。从空间来看，西部地区水田主要分布在四川盆地、云南、贵州河谷，旱地主要分布在黄土高原、新疆北部、内蒙古中东部等区域 [图 1-2（e）和图 1-3]。

西部地区的农田可以分为耕地与园地两大类。其中，耕地由水田、

（a）森林生态系统

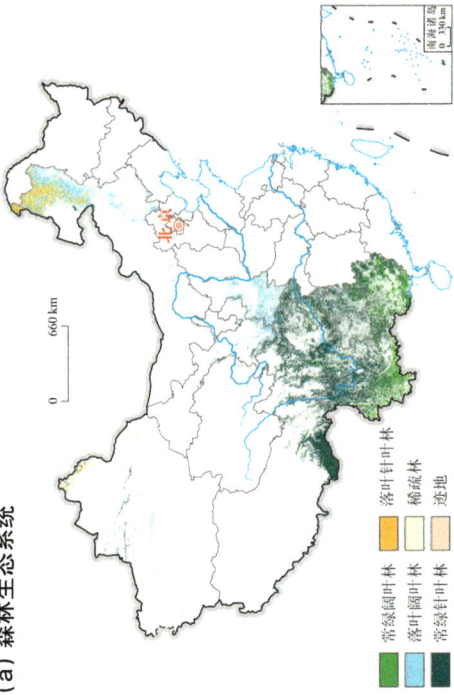

（b）灌丛生态系统

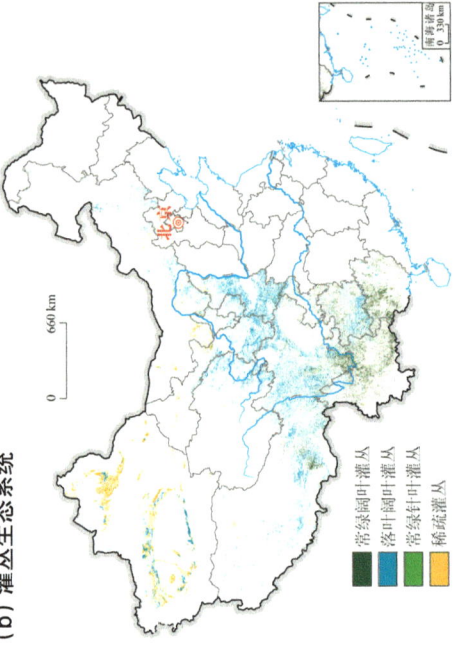

（c）草地生态系统

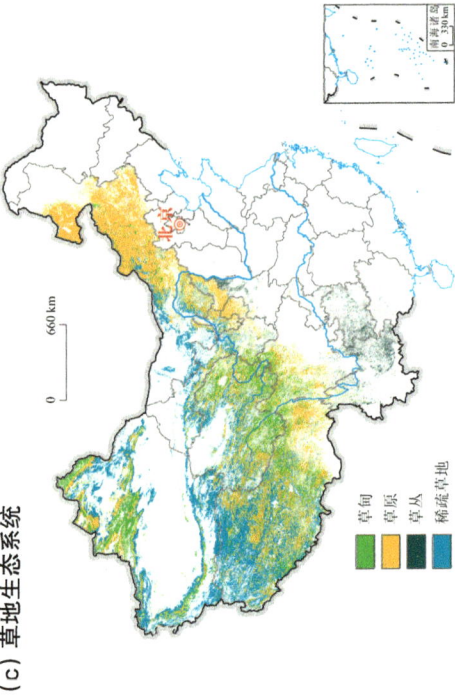

（d）湿地生态系统

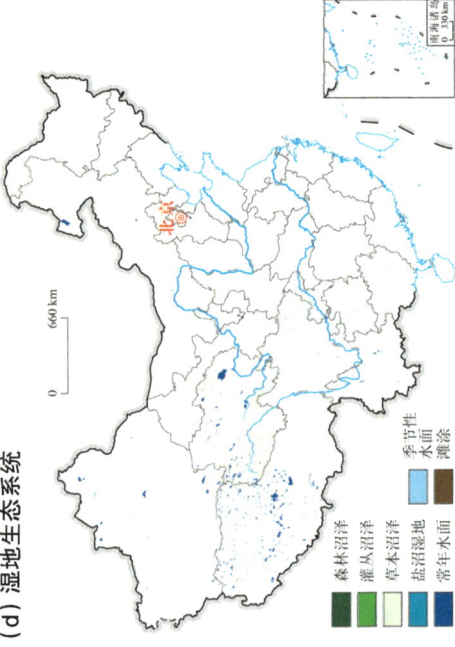

(f) 城镇生态系统

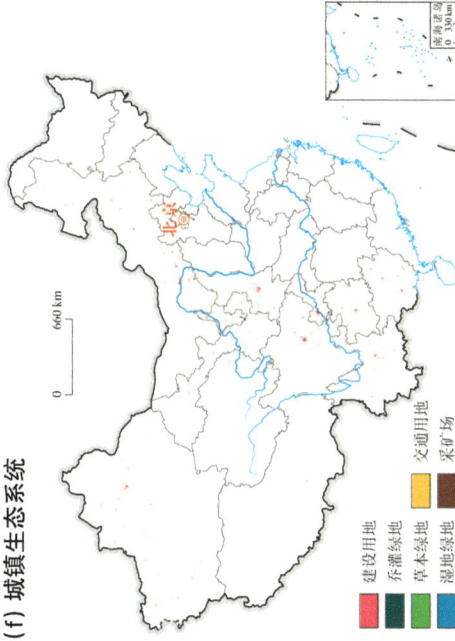

建设用地　乔灌绿地　草本绿地　湿地绿地　交通用地　采矿场

(h) 其他生态系统

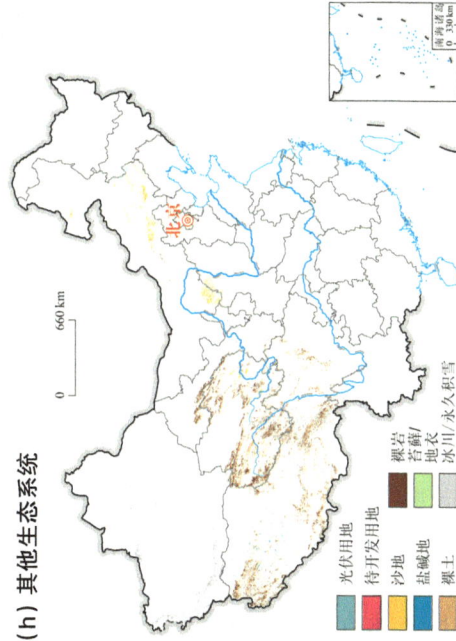

光伏用地　待开发用地　沙地　盐碱地　裸土　裸岩　苔藓/地衣　冰川/永久积雪

(e) 农田生态系统

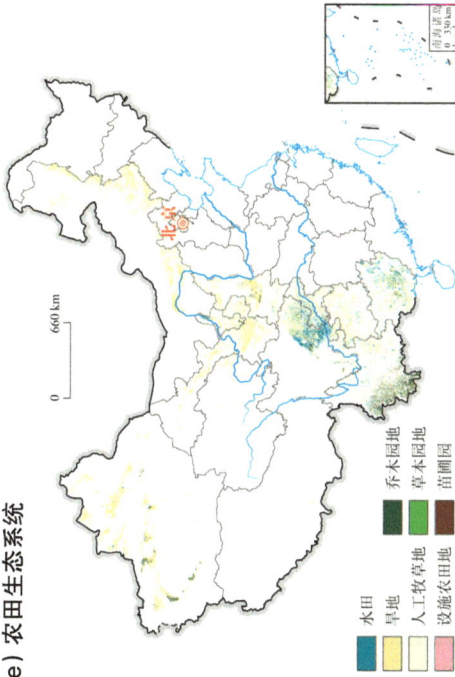

水田　旱地　人工牧草地　设施农田地　乔木园地　草本园地　苗圃网

(g) 荒漠生态系统

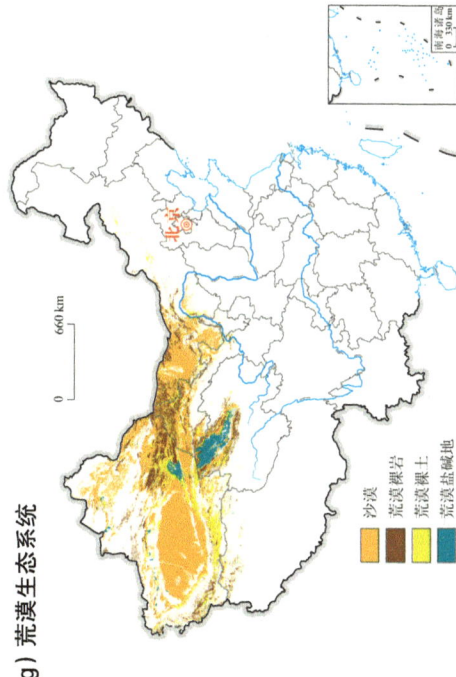

沙漠　荒漠裸岩　荒漠裸土　荒漠盐碱地

图 1-2 西部地区生态系统类型空间分布

旱地、人工牧草地、设施农田地组成，总面积为 57.03 万 km²，占西部地区农田总面积的 90.87%，占西部地区总面积的 8.48%。园地由乔木园地、草本园地和苗圃园组成，总面积为 5.73 万 km²，占西部地区农田总面积的 9.13%，占西部地区总面积的 0.85%。

不同省份的农田面积差异巨大。其中，内蒙古、新疆和四川的农田面积较大，面积均超过 8 万 km²；其次为云南、广西、甘肃和陕西，农田面积均超过 4 万 km²。西藏农田面积最小，仅为 0.36 万 km²。

（六）城镇生态系统

西部地区城镇生态系统面积为 8.33 万 km²，主要镶嵌在农田、草地与荒漠等生态系统中。西部地区城镇生态系统以建设用地为主，面积为 6.00 万 km²，占西部地区总面积的 0.89%，占城镇生态系统总面积的 72.03%。西部地区的城镇生态系统主要集中分布在成都平原和关中平原 [图 1-2（f）和图 1-3]。

（七）荒漠生态系统

西部地区荒漠生态系统面积为 134.54 万 km²，占西部地区总面积的

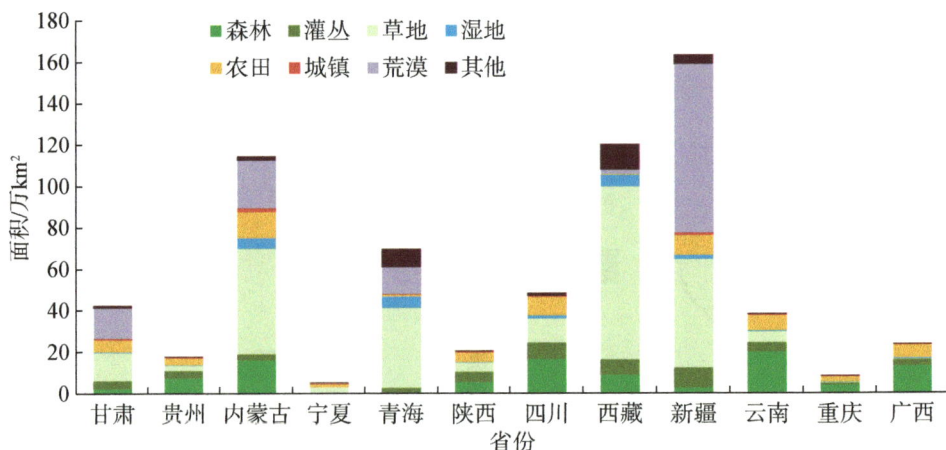

图 1-3　各省份各类生态系统面积统计（2020 年）

20.01%，主要分布于南疆、内蒙古西部、青藏高原北部等区域［图 1-2（g）和图 1-3］。

不同省份的荒漠面积差异巨大。其中，新疆的荒漠面积最大，面积超过 80 万 km^2，其次是内蒙古、甘肃和青海，荒漠面积均超过 10 万 km^2。此外，西藏的荒漠面积也超过了 2 万 km^2。

（八）其他

其他生态系统主要包括冰川/永久积雪、裸地等，总面积为 30.99 万 km^2，占西部地区总面积的 4.61%。其中，冰川/永久积雪面积为 7.77 万 km^2，主要分布在青藏高原、天山和昆仑山；裸地面积为 23.10 万 km^2，散布于西部地区各地；光伏用地面积为 0.12 万 km^2，主要分布在青藏高原东北部［图 1-2（h）和图 1-3］。

分省份来看，冰川/永久积雪、裸地等其他类型的生态系统在青海和西藏等青藏高原涉及的省份广泛分布。其中，西藏的其他生态系统面积最大，达 12.43 万 km^2；青海次之，其他生态系统的面积为 8.62 万 km^2。

二、生态系统格局变化

2000～2020 年，西部地区的生态系统类型和格局发生了较大的变化。气候变化、过度开垦和放牧、城镇化、生态工程等因素的共同作用是引起这些变化的主要原因（Huang et al.，2023a；Ouyang et al.，2016）。气候变化引起的长期干旱和极端干旱事件频发会导致植被生长所需的水分供应不足，导致植被无法正常生长和存活，甚至有可能会使植被因缺水死亡。在干旱较为严重的区域，森林可能会因缺水而枯死，转变成草地，甚至进一步演变为荒漠（Li et al.，2023）。气候变化还会引起冰川消融，导致河流和湖泊等湿地面积增加（Xu et al.，2019）。过度开垦和放

牧可能也会导致原有生态系统的植被遭到严重破坏，导致森林和草地等生态系统的面积减少（Kong et al.，2023）。类似地，城镇化也会大量占用土地，导致森林、农田、湿地等生态系统被破坏或丧失。与之相反的是，生态工程的实施则会通过种植树木和草本植物使荒漠和裸地变成森林和草地（Lu et al.，2018）。

2000～2020年，西部地区的森林、湿地、城镇和荒漠生态系统的面积总体上呈现出增加态势。在这20年间，森林面积增加了6.18万km²，增幅为6.79%（图1-4）。森林面积增加的主要原因是退耕还林、"三北"防护林以及造林工程的广泛和持续实施。湿地面积增加了2.07万km²，增幅为10.83%（图1-4），湿地面积增加的主要原因是气候变暖引起的冰川消融。灌丛、草地和农田面积持续减少，其中农田减少幅度最大，达11.80%（图1-4），这一态势与全国一致。退耕还林、城镇化和撂荒是导致西部地区农田面积减少的主要原因。

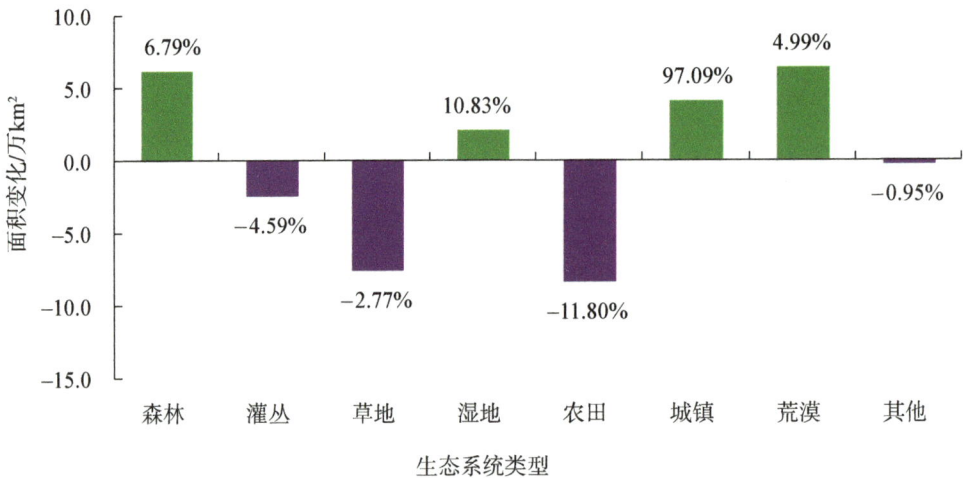

图1-4　西部地区各类生态系统面积变化（2000～2020年）
注：柱形上／下方所标数值为各类生态系统面积变化幅度。

空间上，在这20年间，西部地区不同生态系统的面积变化呈现明显的空间异质性（图1-5）。森林面积增加的区域主要集中分布在青藏高原

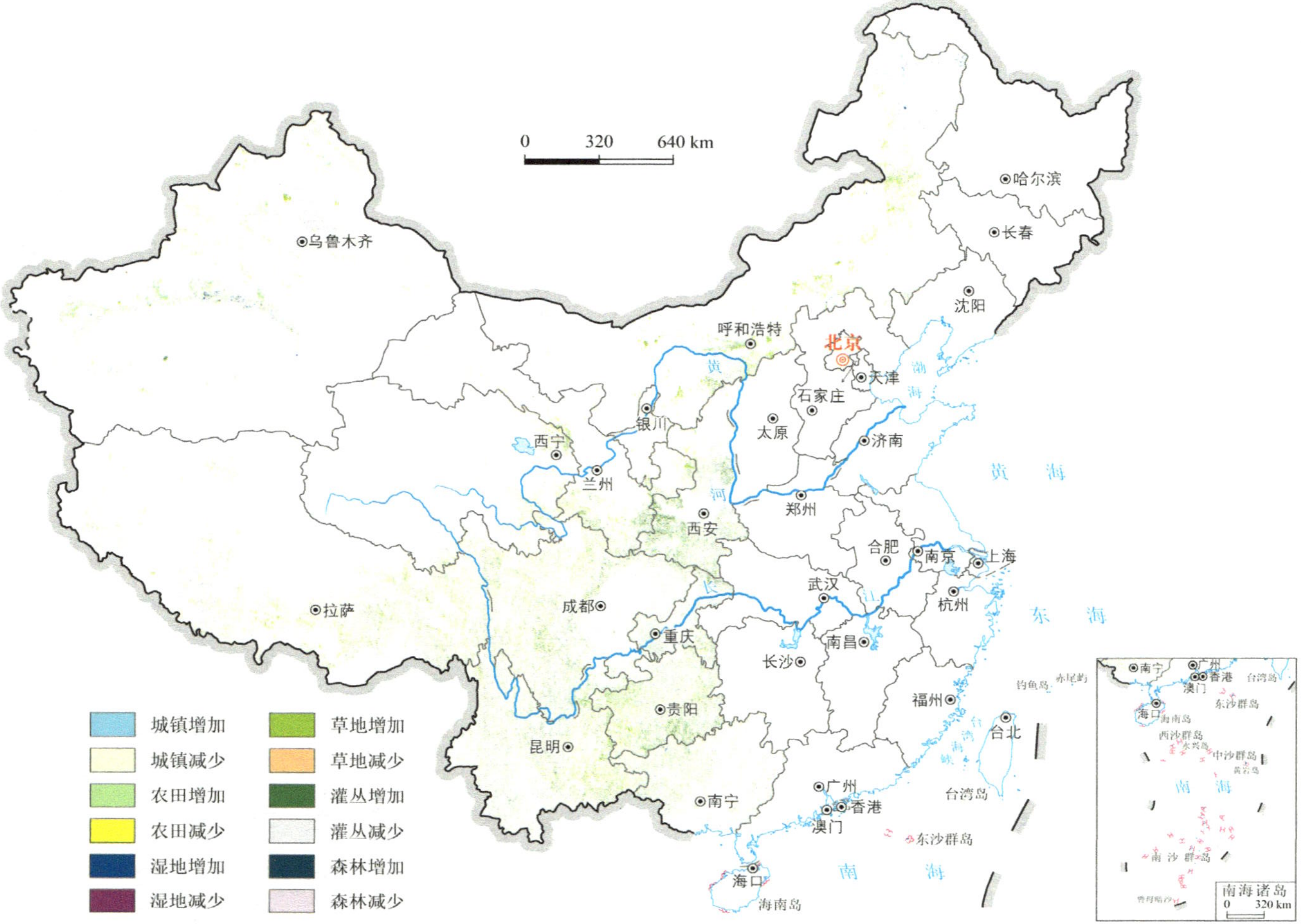

图1-5　西部地区各类生态系统变化空间分布（2000～2020年）

东部、云贵高原和黄土高原，而森林面积减少的区域主要集中分布在东北的内蒙古高原。灌丛面积增加的区域主要集中在黄土高原和秦岭地区，灌丛面积减少的区域在西部和西南都有分布。总体上，退耕还林等生态工程的实施是驱动森林和灌丛面积增加的主要因素，而干旱可能是导致东北和西部森林或灌丛面积减少的主要原因。草地面积增加的区域主要集中分布在内蒙古高原、青藏高原和云贵高原。退牧还草和围栏封育等政策的实施是驱动草地面积增加的主要因素。农田面积增加的区域主要集中分布在西北天山和云贵高原。农田开垦是这些区域农田面积增加的主要原因。

第二节　生态系统质量

生态系统质量是指森林、灌丛、草地、湿地等典型生态系统的优劣程度，它能在特定的时间和空间范围内，从生态系统层次上，反映生态系统的基本特征与健康状况（Huang et al.，2020；博文静等，2017；黄斌斌等，2019）。健康的生态系统具有良好的结构，包括生产者、消费者与分解者，能够实现生态系统的多种功能，包括水源涵养、土壤保持、防风固沙、地上植被碳库、洪水调蓄和生物多样性保护等（Ouyang et al.，2020；Ouyang et al.，2016）。维持良好的生态系统质量有利于增加生态系统服务和产品供给，对于保证人与自然和谐共生和可持续发展具有重大意义。然而近些年人类对自然生态系统的不合理利用，导致生态系统质量出现了不同程度的下降（Huang et al.，2021；Huang et al.，2024）。明确西部地区生态系统质量的现状及空间分布特征对于指导生态保护修复工作具有重要意义。

一、生态系统质量现状

总体上，由于历史上长期的开发与利用，西部地区的森林、灌丛、草地等自然生态系统的质量整体较低。质量等级为优、良的自然生态系统仅占西部地区自然生态系统总面积的 27.34%，而质量等级在中等以下的自然生态系统面积占西部地区自然生态系统总面积的比例超过 50%（图 1-6）。空间上，质量等级为优、良的自然生态系统主要分布在大兴安岭、黄土高原、青藏高原东部和云贵高原。质量等级在中等以下的自然生态系统主要集中分布在准噶尔盆地、天山南麓以及青藏高原中西部［图 1-7（a）］。

（一）森林生态系统质量

2020 年，西部地区森林生态系统质量低，质量等级为优、良的森林仅占西部地区森林总面积的 28.38%，而质量等级在中等以下的森林占西部地区森林总面积的比例接近 50%（图 1-6）。空间上，质量等级为优、良的森林主要分布于云贵高原和大兴安岭等地；而质量等级在中等以下的森林主要分布在黄土高原、四川盆地和天山南麓等地［图 1-7（b）］。

从各省份来看，云南省质量等级为优、良的森林生态系统面积最大，为 7.24 万 km^2；而西藏质量等级为优、良的森林生态系统面积比例最高，达 45.17%。

（二）灌丛生态系统质量

2020 年，西部地区灌丛生态系统质量整体较低。质量等级为优、良的灌丛仅占西部地区灌丛总面积的 17.63%，而质量等级在中等以下的灌丛占灌丛总面积的比例超过 70%（图 1-6）。空间上，质量等级为优、良的灌丛主要集中分布在青藏高原东部以及云贵高原等地，而质量等级在中等以下的灌丛主要分布在黄土高原、塔里木盆地周边和青藏高原中西

部 [图 1-7 (c)]。

从各省份来看，四川质量等级为优、良的灌丛生态系统面积最大，为 2.17 万 km²；广西质量等级为优、良的灌丛生态系统面积比例最高，达 41.28%。

（三）草地生态系统质量

2020 年，西部地区草地生态系统质量整体较低。质量等级为优、良的草地仅占西部地区草地总面积的 28.74%，而质量等级在中等以下的草地占草地总面积的 55.58%（图 1-6）。空间上，质量等级为优、良的草地主要集中分布在青藏高原东南部、横断山区以及云贵高原部分区域，而质量等级在中等以下的草地主要分布在内蒙古西部、新疆南部与青藏高

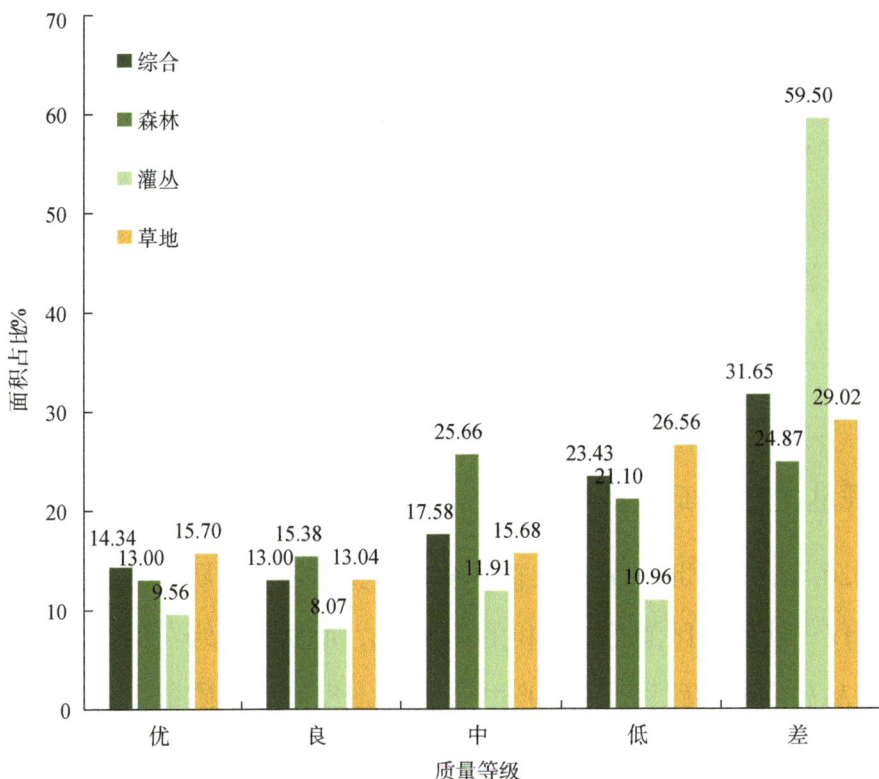

图 1-6 西部地区生态系统质量等级面积占比（2020 年）

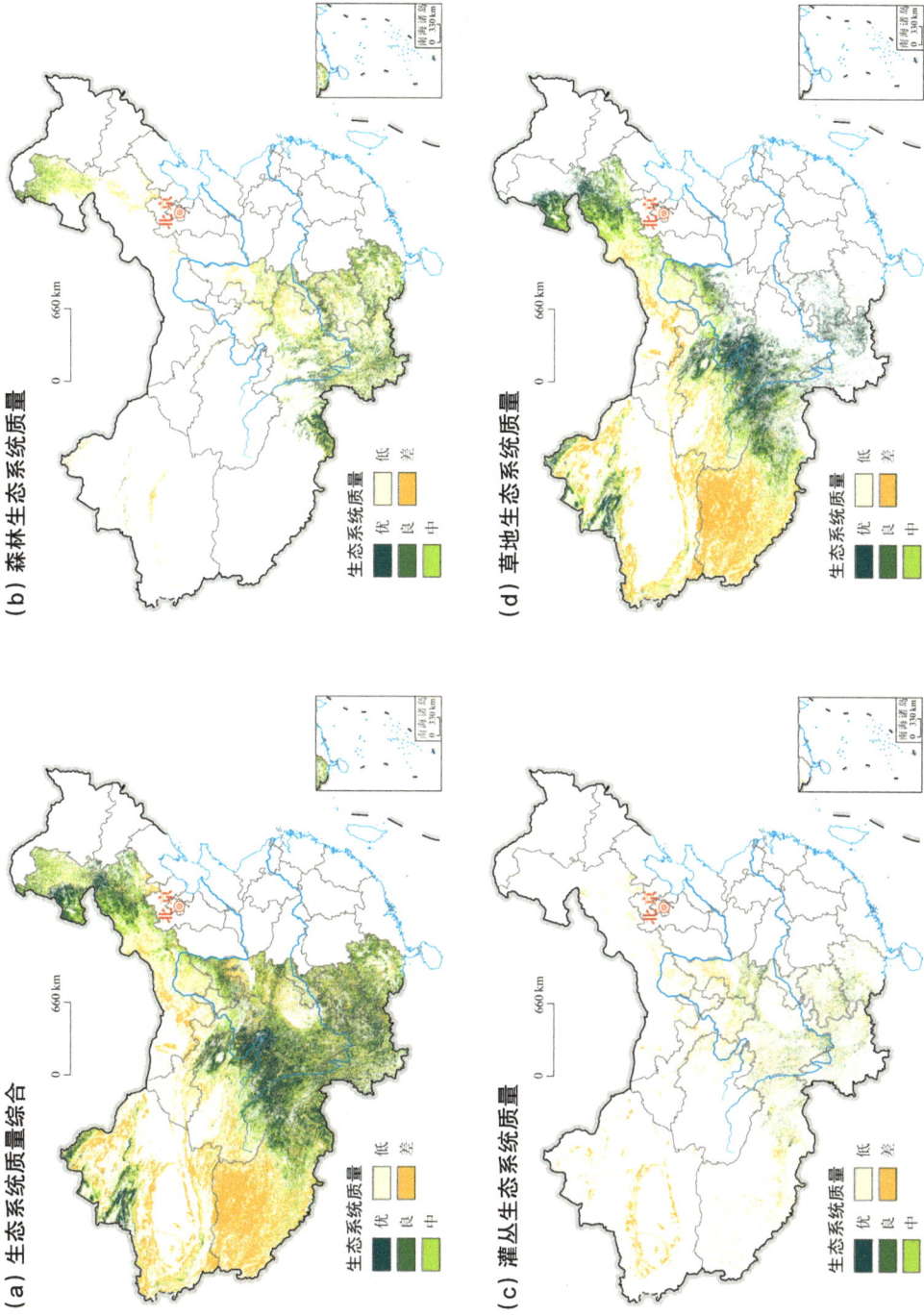

（a）生态系统质量综合

（b）森林生态系统质量

（c）灌丛生态系统质量

（d）草地生态系统质量

图 1-7 西部地区生态系统质量空间分布

原西部等地［图 1-7（d）］。

从各省份来看，内蒙古质量等级为优、良的草地生态系统面积最大，达 15.73 万 km²；而广西质量等级为优、良的草地生态系统面积比例最高，达 90% 以上。

二、生态系统质量变化

2000～2020 年，气候变化、城镇化、过度开垦和放牧以及生态保护修复等因素导致西部地区的生态系统质量出现了不同程度的下降和升高（Huang et al.，2023a，2024），因此亟须明确西部地区生态系统质量变化的程度及其发生地域。

2000～2020 年，西部地区森林、灌丛、草地生态系统质量总体提高，超过 170 万 km² 的自然生态系统质量得到提高。其中，质量等级为优、良的生态系统面积分别增加了 45.25 万 km² 和 19.49 万 km²，分别提高了 11.00% 和 4.79%，质量等级为差的生态系统面积减少了 75.75 万 km²，降低了 17.97%。

（一）森林生态系统质量变化

2000～2020 年，西部地区森林生态系统质量总体提高。有 47.74 万 km² 的森林质量得到不同程度的提高。同期，也有 4.71 万 km² 的森林质量出现不同程度的下降。其中，质量等级为优、良的森林生态系统面积分别增加了 9.78 万 km² 和 11.28 万 km²，分别增加了 9.81% 和 11.28%。质量等级为低、差的森林生态系统面积分别减少了 16.87 万 km² 与 8.22 万 km²，分别降低了 20.57% 与 11.24%。空间上，森林生态系统质量明显提高的区域广泛分布在大兴安岭、云贵高原和青藏高原东部［图 1-8（b）］。

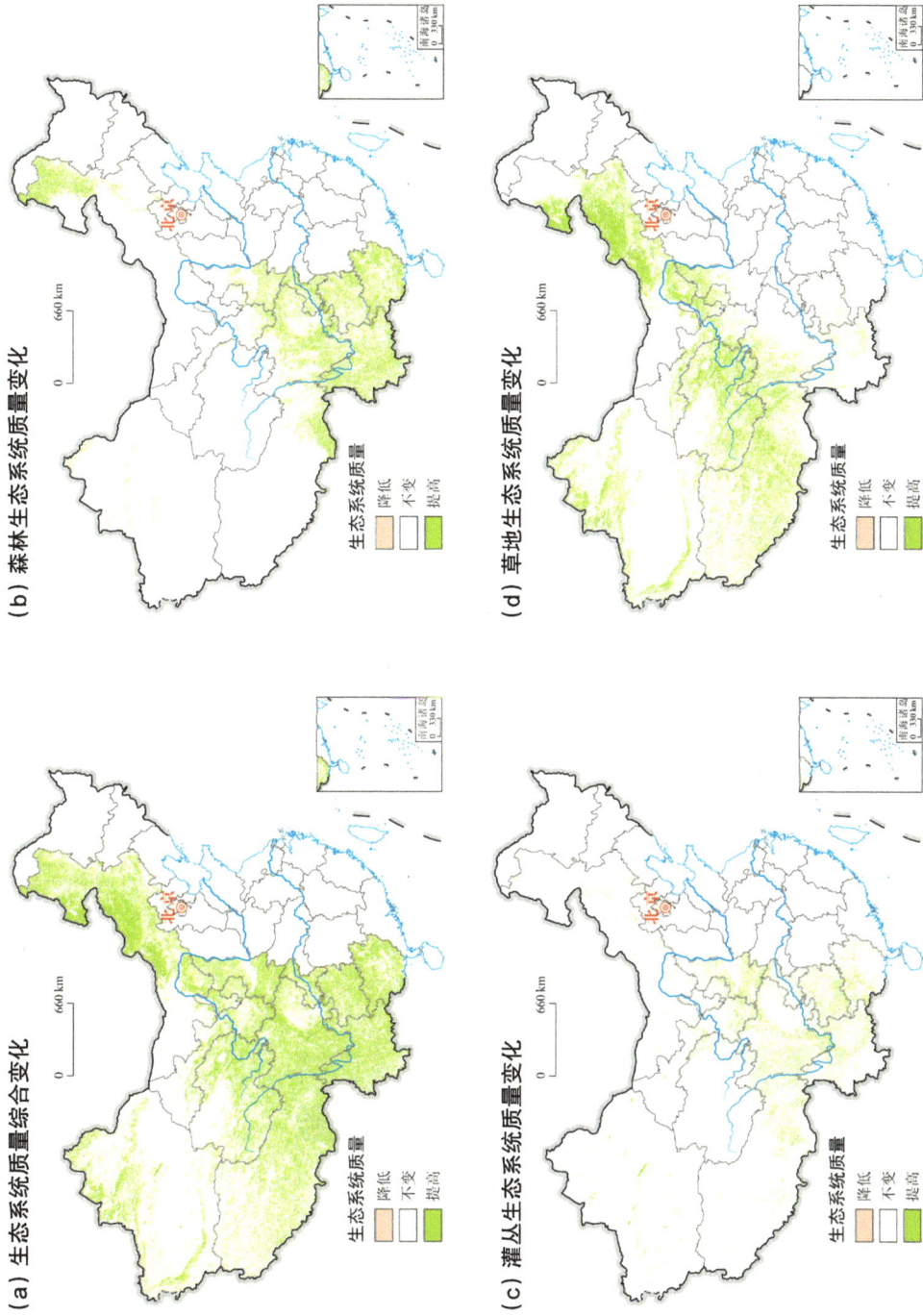

（a）生态系统质量综合变化

（b）森林生态系统质量变化

（c）灌丛生态系统质量变化

（d）草地生态系统质量变化

图 1-8　西部地区生态系统质量变化空间分布（2000～2020 年）

（二）灌丛生态系统质量变化

2000～2020 年，西部地区有 9.92 万 km² 的灌丛质量得到提高，同期，也有 1.78 万 km² 的灌丛生态系统质量出现不同程度的下降。其中，质量等级为优、良的灌丛生态系统面积分别增加了 3.65 万 km² 和 2.47 万 km²，分别增加了 7.61% 和 5.25%。质量等级为低、差的灌丛生态系统面积分别减少了 5.23 万 km² 与 4.92 万 km²，分别减少了 9.41% 与 5.82%。空间上，灌丛生态系统质量明显提高的区域广泛分布在黄土高原、云贵高原和青藏高原东部 [图 1-8（c）]。

（三）草地生态系统质量变化

2000～2020 年，西部地区草地生态系统质量有明显提高。有 115.04 万 km² 的草地质量得到不同程度的提高。同期，也有 4.75 万 km² 的草地质量出现不同程度的下降。其中，质量等级为优、良的草地生态系统面积分别增加了 31.82 万 km² 和 5.74 万 km²，分别增加了 12.06% 和 2.46%。质量等级为差的草地生态系统面积减少了 62.61 万 km²，减少了 22.05%。空间上，草地生态系统质量明显提高的区域广泛分布在内蒙古高原、黄土高原和青藏高原 [图 1-8（d）]。

第三节　生态系统服务

生态系统服务是人类从生态系统中获得的惠益，包括生态系统提供给社会的产品和服务（Ouyang et al.，2020；Ouyang et al.，2016）。生态系统服务不但直接为人类提供食品、医药和其他生产生活原料，还创造与维持着地球生命支持系统。西部地区是我国重要的生态服务和产品供给地，同时也是我国重要的生态屏障（Huang et al.，2023b）。西部地区的森林、草地、灌丛、湿地等生态系统所提供的水源涵养、土壤保持、防风固沙、地上植被碳库、洪水调蓄和生物多样性保护等服务是保障西部地区经济社会可持续发展、维护西部地区乃至我国生态安全的重要基础。

2020 年，西部地区生态系统的水源涵养总量达 7326.18 亿 m^3，占全国生态系统水源涵养总量的 51.82%；土壤保持总量达 1057.59 亿 t，占全国生态系统土壤保持总量的 52.52%；防风固沙总量达 296.57 亿 t，占全国生态系统防风固沙总量的 34.84%；地上植被碳库储量为 198.83 亿 t CO_2，占全国地上植被碳库总储量的 52.84%；洪水调蓄总量为 866.48 亿 m^3，占全国洪水调蓄总量的 10.67%；自然生境总面积为 434.59 万 km^2，占全国自然生境总面积的 75.38%。西部地区提供的生态系统服务和产品在全国的生态系统服务和产品中占有很大比重。

一、水源涵养

水源涵养是陆地生态系统重要的生态服务功能之一，其变化将直接影响区域气候、水文、植被和土壤等状况，是区域生态系统状况的重要指示器（Gong et al.，2017；Huang et al.，2022；Zheng et al.，2016）。我国西部地区水资源贫乏，降水时空分布不均，明确我国西部地区的生态系统水源涵养功能空间特征及其影响因素，对于科学认识和合理保护西部地区生态系统的水源涵养能力，以及制定生态环境保护决策具有十分重要的意义。水源涵养功能的概念较广，主要表现形式包括生态系统的拦蓄降水、调节径流、影响降水量、净化水质等。植被类型、盖度、枯落物组成、土层厚度及土壤物理性质等都会影响水源涵养能力。

2020 年，西部地区生态系统的水源涵养总量为 7326.18 亿 m^3。其中，

森林生态系统是西部地区生态系统水源涵养功能的主体，其水源涵养量为 3241.82 亿 m^3，约占西部地区水源涵养总量的 44.25%；灌丛、草地次之，其生态系统的水源涵养量分别为 952.91 亿 m^3、2155.84 亿 m^3，各占西部地区水源涵养总量的 13.01%、29.43%。不同类型生态系统的水源涵养能力存在明显差异，其中，森林的水源涵养能力最强，水源涵养能力为 33.37 万 $m^3 \cdot km^{-2} \cdot a^{-1}$；其次是灌丛，水源涵养能力为 18.69 万 $m^3 \cdot km^{-2} \cdot a^{-1}$；排名第三的是湿地，水源涵养能力为 14.66 万 $m^3 \cdot km^{-2} \cdot a^{-1}$。空间上，水源涵养能力高值区主要集中分布在青藏高原东南部和云贵高原（图 1-9）。

为了进一步明确西部地区水源涵养能力的空间特征，根据西部地区的水源涵养能力强弱将其划分为水源涵养功能极重要、重要、中等重要和一般 4 个区域。2020 年，西部地区生态系统的水源涵养功能极重要区域面积为 94.95 万 km^2，约占西部地区总面积的 14.12%，主要分布在大兴安岭、大巴山、巴颜喀拉山东部、唐古拉山、藏东南等地；重要区域面积为 89.53 万 km^2，约占西部地区总面积的 13.32%；中等重要区域面积为 89.00 万 km^2，约占西部地区总面积的 13.24%［图 1-10（a）和表 1-2］。

表 1-2　西部地区生态系统的水源涵养功能重要性程度统计（2020 年）

水源涵养功能重要性	面积 / 万 km^2	占西部地区总面积比例 /%	水源涵养量 / 亿 m^3
极重要	94.95	14.12	3076.60
重要	89.53	13.32	1822.81
中等重要	89.00	13.24	1232.68
一般	398.79	59.32	1194.03

注：因为四舍五入原因，表内分项数据加总不等于总计。

西部地区各省份的水源涵养量存在明显差异。其中云南的水源涵养量最高，为 1283.63 亿 m^3，约占西部地区水源涵养总量的 17.52%；其次是广西，水源涵养量为 1135.09 亿 m^3，约占西部地区水源涵养总量的

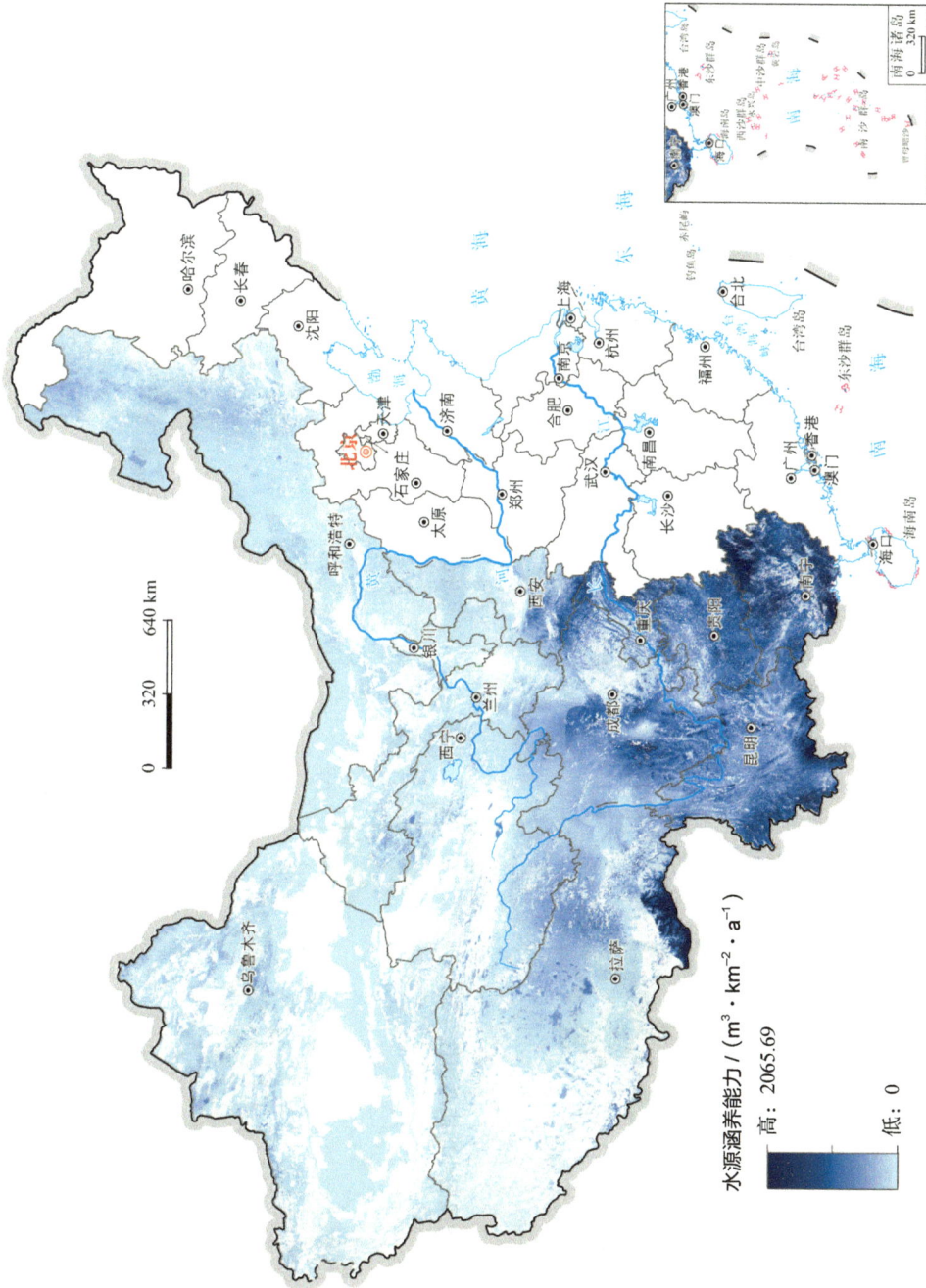

水源涵养能力 / $(m^3 \cdot km^{-2} \cdot a^{-1})$

高：2065.69

低：0

图 1-9　西部地区生态系统的水源涵养功能空间格局（2020 年）

(a) 水源涵养功能重要性

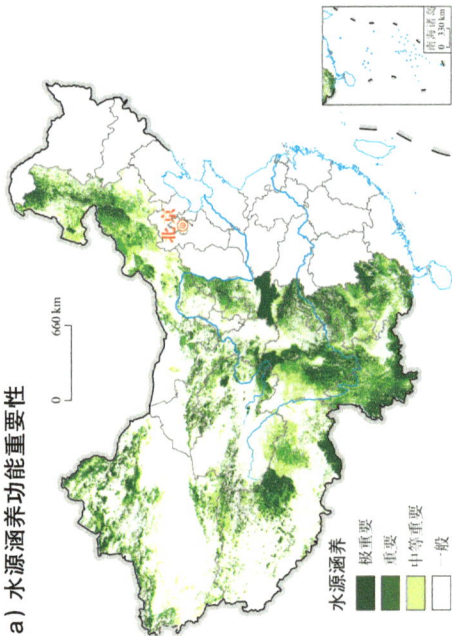

(b) 土壤保持功能重要性

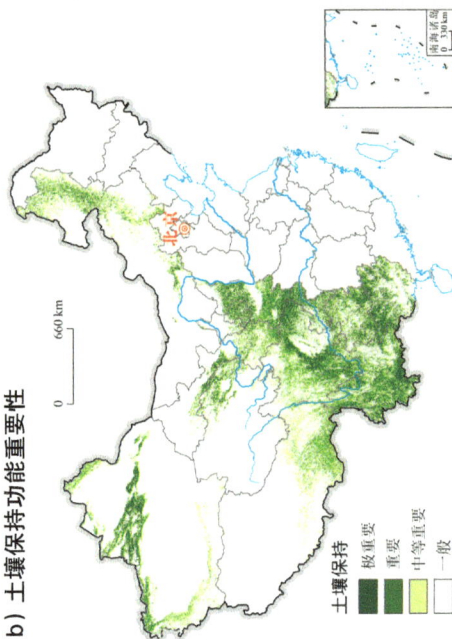

(c) 防风固沙功能重要性

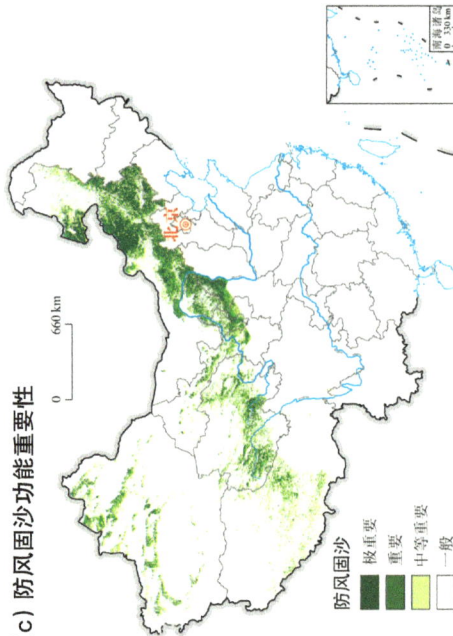

(d) 地上植被碳库功能重要性

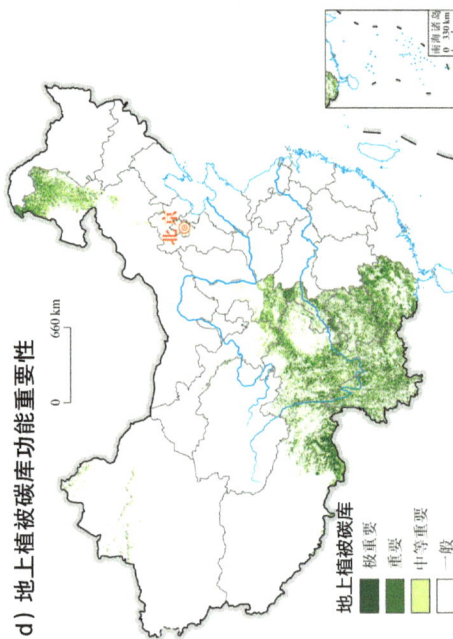

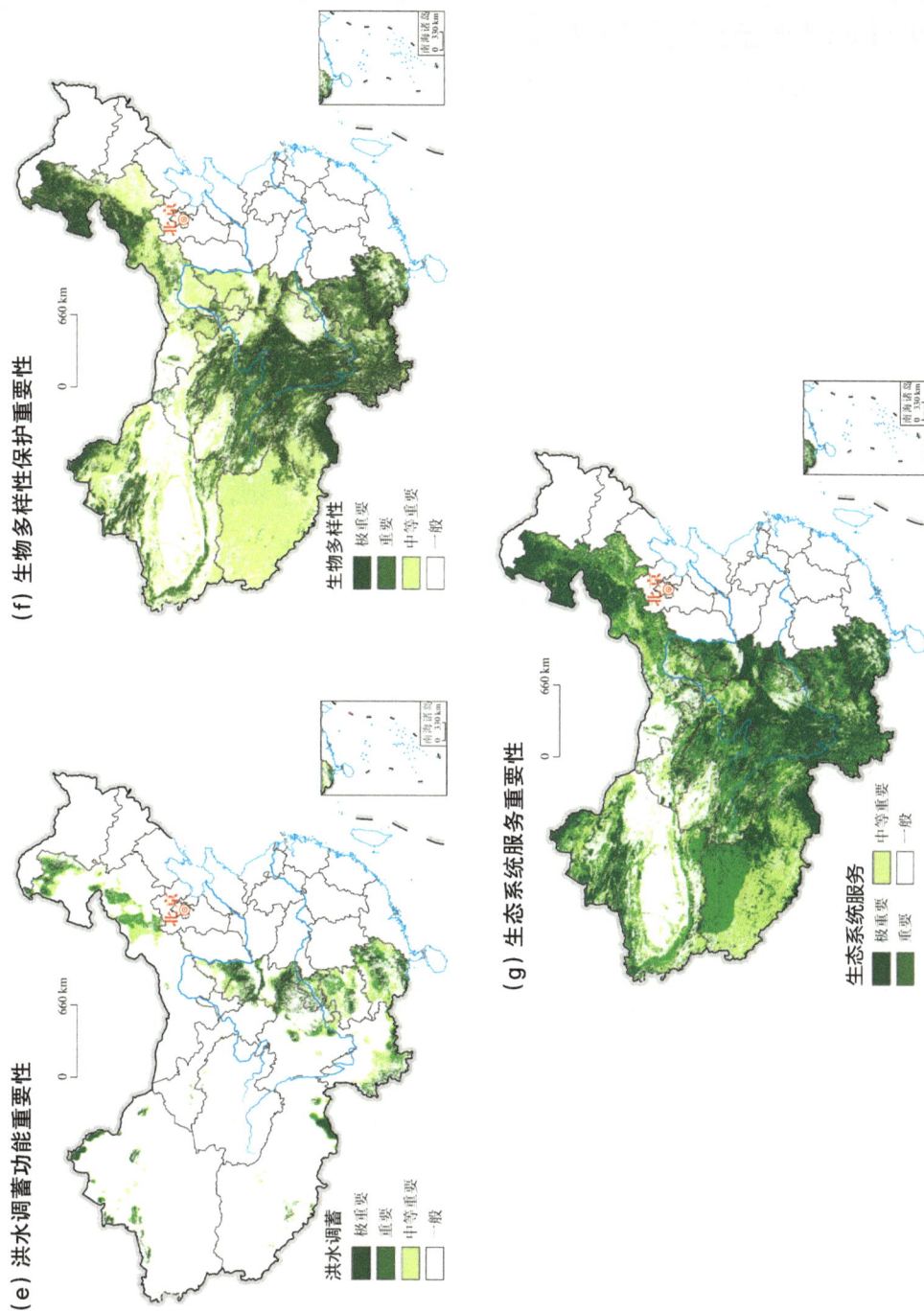

(e) 洪水调蓄功能重要性

(f) 生物多样性保护重要性

(g) 生态系统服务重要性

图 1-10 西部地区生态系统服务重要性空间特征（2020 年）

15.49%，水源涵养量最低的省份是宁夏，水源涵养量为 10.13 亿 m^3，约占西部地区水源涵养总量的 0.14%。

2000～2020 年，西部地区生态系统的水源涵养功能整体增强，水源涵养量增加了 162.49 亿 m^3，增幅为 2.27%。西部地区生态系统的水源涵养功能增强的省份包括甘肃、贵州、宁夏、青海、四川、广西、云南和重庆，内蒙古、西藏与新疆的水源涵养功能有所减弱［图 1-11（a）］。

二、土壤保持

土壤保持是指生态系统通过其结构与过程保护土壤，降低雨水的侵蚀，减少土壤流失，防止泥沙淤积等功能（Kong et al.，2018；Rao et al.，2023）。土壤保持服务是生态系统的重要功能之一，它对维持土壤质量和生态系统的稳定性至关重要。通过土壤保持，生态系统能够降低水土流失的风险，减少土壤退化，并降低发生地质灾害的风险。

2020 年，西部地区生态系统的土壤保持总量为 1057.59 亿 t，其中森林生态系统的土壤保持量最高，为 557.08 亿 t，约占西部地区生态系统土壤保持总量的 52.67%；灌丛生态系统的土壤保持量为 176.25 亿 t，约占西部地区生态系统土壤保持总量的 16.67%；草地生态系统的土壤保持量为 210.33 亿 t，约占西部地区生态系统土壤保持总量的 19.89%。不同生态系统的土壤保持能力存在明显差异，其中森林的土壤保持能力最强，单位面积土壤保持量为 574.85 $t \cdot hm^{-2} \cdot a^{-1}$；其次是灌丛，单位面积土壤保持量为 345.97 $t \cdot hm^{-2} \cdot a^{-1}$；排名第三的是农田，单位面积土壤保持量为 161.98 $t \cdot hm^{-2} \cdot a^{-1}$（图 1-12）。

为了更好地明确西部地区土壤保持能力的空间特征，根据西部地区的土壤保持能力强弱将其划分为土壤保持功能极重要、重要、中等重要和一般 4 个区域。2020 年，西部地区生态系统的土壤保持极重要区域面

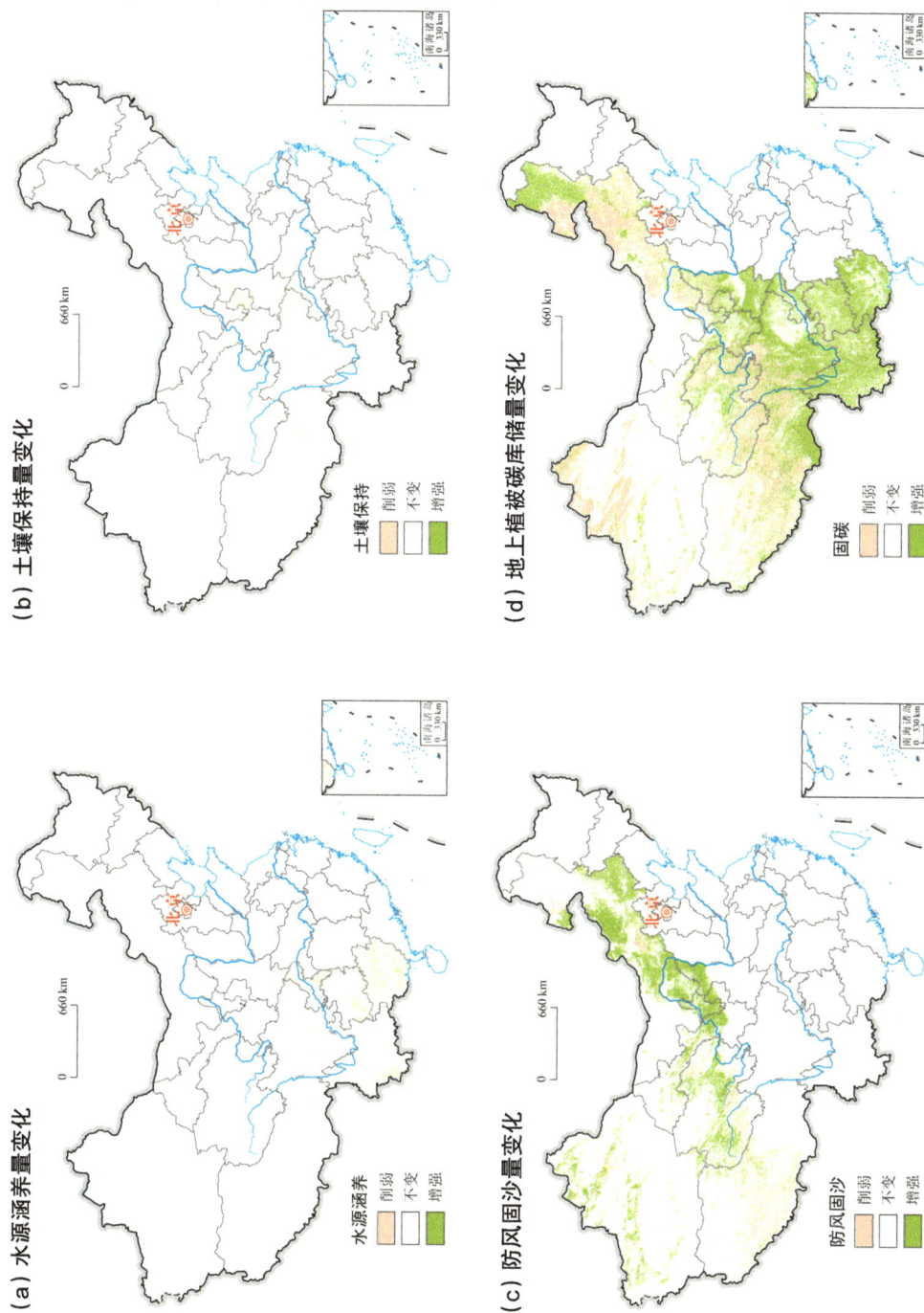

(a) 水源涵养量变化

(b) 土壤保持量变化

(c) 防风固沙量变化

(d) 地上植被碳库储量变化

图 1-11 西部地区生态系统服务变化空间特征（2000～2020 年）

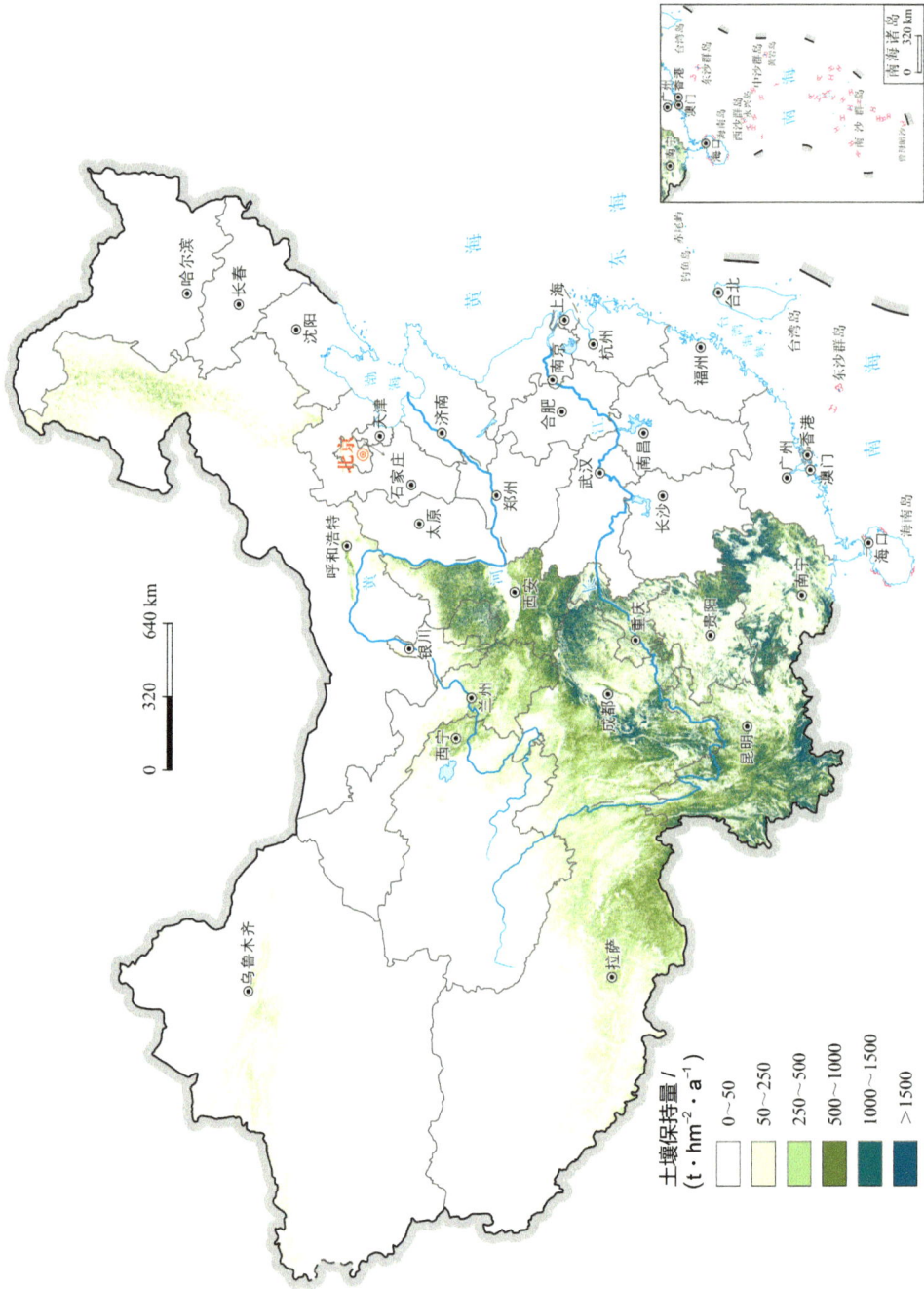

图 1-12 西部地区生态系统土壤保持功能空间格局（2020 年）

土壤保持量 /
(t·hm⁻²·a⁻¹)

0～50
50～250
250～500
500～1000
1000～1500
>1500

积为 43.61 万 km²，约占西部地区总面积的 6.49%，主要分布在黄土高原、祁连山、天山、横断山脉、秦巴山地等。重要区域面积为 54.81 万 km²，约占西部地区总面积的 8.15%，主要分布在黄土高原、秦岭、川西高原、藏东南。中等重要区域面积为 70.49 万 km²，约占西部地区总面积的 10.49%，主要分布在大兴安岭、陇南地区、川西 – 藏东地区、云贵高原。一般区域面积为 503.35 万 km²，约占西部地区总面积的 74.87%，主要分布在广大西北地区以及青藏高原 [图 1-10（b）和表 1-3]。

表 1-3　西部地区生态系统土壤保持功能重要性程度统计（2020 年）

土壤保持功能重要性	面积 / 万 km²	占西部地区总面积比例 /%	土壤保持量 / 亿 t
极重要	43.61	6.49	512.42
重要	54.81	8.15	266.48
中等重要	70.49	10.49	164.60
一般	503.35	74.87	114.08

西部地区各省份中以云南和四川土壤保持量最高，分别为 218.85 亿 t 和 212.65 亿 t，各占西部地区土壤保持总量的 20.69% 和 20.11%；其次是广西，土壤保持量为 153.19 亿 t，占西部地区土壤保持总量的 14.48%；宁夏的土壤保持量最低，土壤保持量小于 10 亿 t。

2000～2020 年，西部地区生态系统的土壤保持功能整体增强，土壤保持总量增加了 27.84 亿 t，增幅为 2.69%。从各省份来看，除新疆外，其余各省份生态系统的土壤保持功能均不同程度地增强 [图 1-11（b）]。其中，甘肃增加最显著，土壤保持量增加了 14.39%；其次是陕西和四川，增幅分别为 10.17% 和 5.88%。

三、防风固沙

防风固沙功能是干旱、半干旱区重要的生态系统服务功能之一。植

被是自然生态系统的主体，植物的阻沙能力是植物地上部分与地下部分共同作用的结果（Jiang et al.，2016；Li et al.，2021）。其中，地上部分能够增加地表粗糙度，改变近地面流场，通过枝叶阻截的方式降低风速，削弱大风携带土壤颗粒的能力，从而对植物的阻沙起到关键的防风作用；而地下的植物根系通过固定表层土壤，改善土壤结构，减少土壤裸露面积以提高土壤抗风蚀的能力，增强植物的固沙功能。

2020 年，西部地区生态系统的防风固沙总量为 296.57 亿 t，其中草地生态系统的防风固沙量为 206.17 亿 t，约占西部地区生态系统防风固沙总量的 69.52%，是西部地区生态系统实现防风固沙功能的主体；农田生态系统的防风固沙量为 60.66 亿 t，约占西部地区生态系统防风固沙总量的 20.45%，是防范土壤风蚀的重点领域；其他（如森林、灌丛、荒漠和裸地等）生态系统的防风固沙量分别为 5.25 亿 t、11.08 亿 t、2.76 亿 t 和 3.31 亿 t，各约占西部地区生态系统防风固沙总量的 1.77%、3.74%、0.93% 和 1.12%。空间上，西部地区防风固沙量总体呈现东高西低的分布格局。防风固沙量较高的区域主要位于内蒙古中部、新疆北部和青藏高原中部（图 1-13）。

为了进一步明确西部地区防风固沙能力的空间特征，根据西部地区的防风固沙能力强弱将其划分为防风固沙功能极重要、重要、中等重要和一般 4 个区域。2020 年，西部地区生态系统的防风固沙功能极重要区域面积为 34.17 万 km^2，占西部地区总面积的 5.08%，集中分布在科尔沁沙地东部的东北平原、浑善达克沙地、鄂尔多斯高原、河西走廊、准噶尔盆地、部分青海高原和藏北高原等区域。重要区域面积为 31.36 万 km^2，占西部地区总面积的 4.66%，科尔沁沙地北部、浑善达克沙地以西及阴山以北的内蒙古高原、阴山以南的河套平原、贺兰山东部的宁夏平原、准噶尔盆地为主要分布区，而藏北高原、青海高原和环塔里木盆地也有重要区域斑块分布。中等重要区域面积为 37.80 万 km^2，占西部地区总面积的

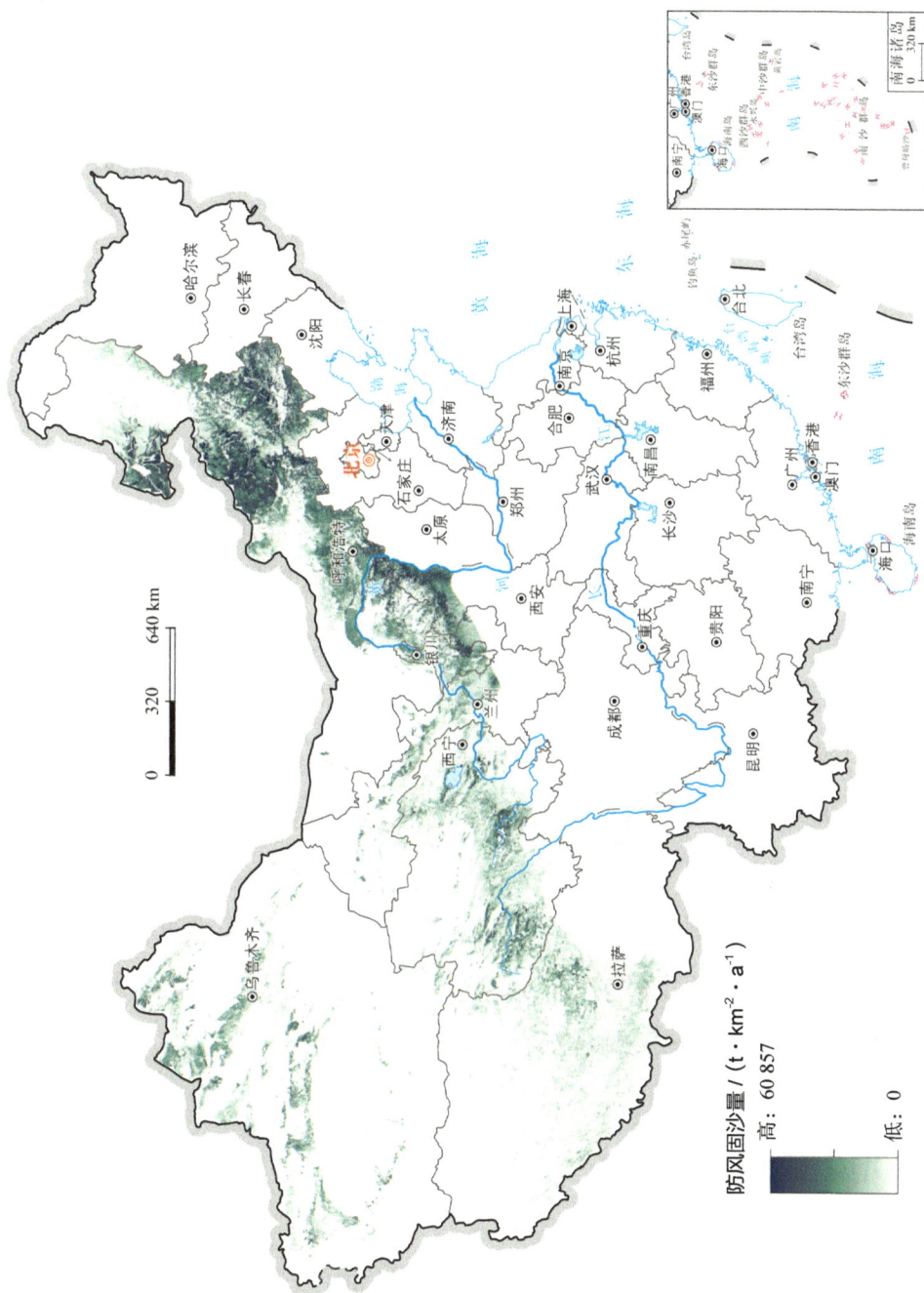

图 1-13 西部地区生态系统防风固沙功能空间格局（2020 年）

5.62%（表1-4），分布较为集中的区域有黄土高原中部、阿拉善高原、青藏高原和准噶尔盆地，河西走廊也有一定分布［图1-10（c）和表1-4］。

表1-4　西部地区生态系统的防风固沙功能重要性程度统计（2020年）

防风固沙重要性	面积/万km²	占西部地区总面积比例/%	固沙强度/（t·km⁻²·a⁻¹）
极重要	34.17	5.08	41 708.87
重要	31.36	4.66	23 212.01
中等重要	37.80	5.62	12 495.81
一般	568.93	84.63	968.88

西部地区各省份的防风固沙功能存在明显差异，其中内蒙古的防风固沙量最高，为147.62亿t，约占西部地区防风固沙总量的49.78%；其次是青海，防风固沙量为42.92亿t，约占西部地区总量的14.47%；云南的防风固沙量最低，仅为0.05亿t，约占西部地区总量0.02%。

2000~2020年，西部地区生态系统的防风固沙功能呈现整体增强态势，防风固沙量共增加71.58亿t，增幅达到31.81%。防风固沙功能改善的区域主要集中分布在呼伦贝尔高原、黄土高原、鄂尔多斯高原、准噶尔盆地、塔里木盆地边缘，以及青藏高原昆仑山南麓、阿尔金山脉等区域［图1-11（c）］。

不同省份的防风固沙量存在明显差异。除四川外，西部地区所有省份的防风固沙量均呈现增加态势，其中增幅最大的是陕西，增幅达到205.54%，其次为宁夏，增幅为164.00%。

四、地上植被碳库

地上植被碳库是存在于地表植被中的碳储存，是陆地生态系统碳循环的重要组成部分（Besnard et al.，2021；Spawn ct al.，2020）。地上植被碳库是植物通过光合作用吸收大气中的CO_2，并将其转化为有机碳储存在植物体内逐渐形成的。地上植被碳库涵盖了植物地上部分的生物量中的碳，如树干、树枝、树叶等。地上植被碳库的总储量巨大，其中森林是最主要的贡献者。据估计，全球森林储藏着大约 367 Gt C 的生物量碳（Mo et al., 2023）。气候、土壤类型、植被类型等自然因素都会影响地上植被碳库的储量和空间分布。

2020 年，西部地区生态系统地上植被碳库储量为 198.83 亿 t CO_2。其中森林地上植被碳库储量为 135.85 亿 t CO_2，灌丛地上植被碳库储量为 34.00 亿 t CO_2，草地地上植被碳库储量为 19.64 亿 t CO_2。空间上，地上植被碳库储量表现出明显的区域差异，其中大兴安岭、横断山脉、黄土高原的地上植被碳库储量较高，而西北天山地区的地上植被碳库储量较低（图 1-14）。

为了更好地了解和识别西部地区地上植被碳储量的空间分布特征，将西部地区的地上植被碳库根据其储量的大小级划分为极重要、重要、中等重要和一般 4 个区域。2020 年，西部地区生态系统地上植被碳库极重要与重要区域面积分别为 36.59 万 km^2 和 27.86 万 km^2，分别占西部地区总面积的 5.44% 和 4.14%，主要分布在大兴安岭、横断山区、云贵高原南部等地［图 1-10（d）］。中等重要区域面积约为 24.34 万 km^2，约占西部地区总面积的 3.62%（表 1-5）。

表 1-5　西部地区生态系统地上植被碳库功能重要性程度统计（2020 年）

地上植被碳库功能重要性	面积 / 万 km^2	占西部地区总面积比例 /%	地上植被碳库储量 / 亿 t CO_2
极重要	36.59	5.44	93.14
重要	27.86	4.14	48.72
中等重要	24.34	3.62	31.92
一般	583.47	86.79	25.05

西部地区不同省份的地上植被碳库储量空间差异较大。其中，云南的生态系统地上植被碳库储量最高，为 40.76 亿 t CO_2，占西部地区生态

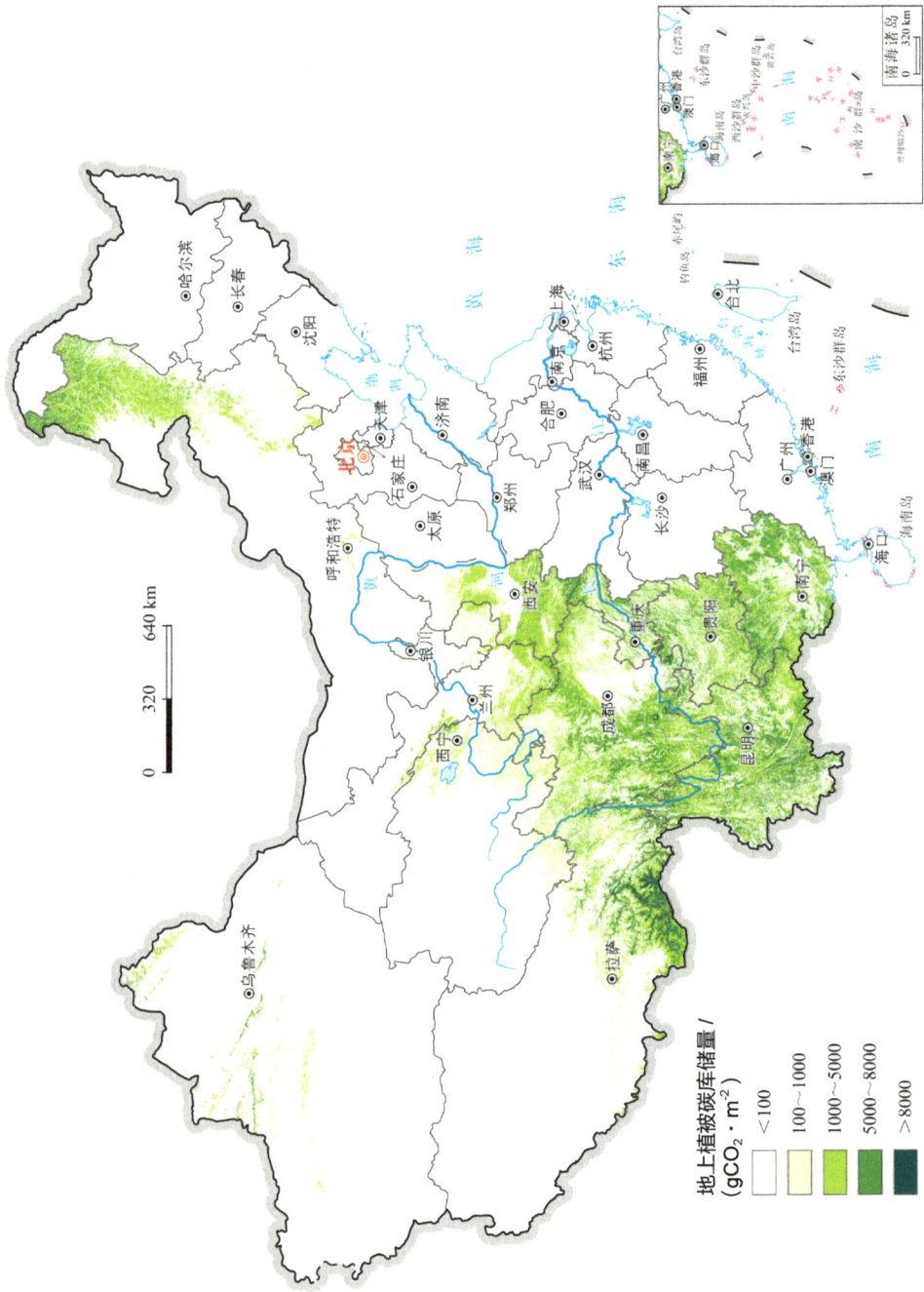

图 1-14　西部地区生态系统地上植被碳库储量空间分布（2020 年）

地上植被碳库储量 /
(gCO₂·m⁻²)

- <100
- 100~1000
- 1000~5000
- 5000~8000
- >8000

系统地上植被碳库总储量的 20.50%；其次是四川，地上植被碳库储量达 36.25 亿 t CO_2，占西部地区生态系统地上植被碳库总储量的 18.23%。与此同时，不同省份的单位面积地上植被碳库储量也存在较大差异。其中，广西的单位面积地上植被碳库储量最大，达 4858.18 g $CO_2 \cdot m^{-2}$；排名第二的是云南，单位面积地上植被碳库储量为 4251.81 g $CO_2 \cdot m^{-2}$；青海最小，单位面积地上植被碳库储量仅为 172.42 g $CO_2 \cdot m^{-2}$。

2000～2020 年，由于生态系统保护修复工程的广泛实施，西部地区的生态系统地上植被碳库储量整体增加，增幅达 50.54%。空间上，大小兴安岭、横断山区、云贵高原等地的地上植被碳库储量明显增大，而浑善达克沙地西部与北部区域、青藏高原西南及新疆北部天山部分区域的地上植被碳库储量有所减小 [图 1-11（d）]。

2000～2020 年，绝大多数省份的地上植被碳库储量有所增加。其中，宁夏的地上植被碳库储量增幅最大，为 166.88%；重庆的地上植被碳库储量增幅次之，为 83.05%；陕西的地上植被碳库储量增幅排名第三，为 76.79%。

五、洪水调蓄

洪水灾害是世界上影响范围最大的自然灾害之一，严重威胁人类的生命及财产安全。据世界范围内统计，全球洪水灾害在不断地增加，并随着人为导致的气候变化及人类活动对河道的改变和土地利用的影响而加剧。尽管最近几十年已经采取了大量降低洪水风险的措施，但仍然发生了很多灾难性的洪水事件。与此同时，植被可以通过其独特的生态功能，对洪水进行调控和蓄存，以减轻洪水灾害的影响（Xu et al., 2024）。准确评估洪水调蓄服务，有利于将生态系统保护与管理决策连接起来，制定合理的洪水调蓄方案，维护区域内生态安全。

2020 年，西部地区生态系统洪水调蓄总量为 866.48 亿 m^3，其中森林生态系统洪水调蓄量为 587.60 亿 m^3，约占西部地区生态系统洪水调蓄

总量的 67.81%；灌丛、草地生态系统的洪水调蓄量分别为 142.52 亿 m³、78.71 亿 m³，各占西部地区生态系统洪水调蓄总量的 16.45%、9.08%。空间上，洪水调蓄量较高的区域主要集中分布于青藏高原南麓、秦岭和云贵高原（图 1-15）。

为了更好地了解和识别西部地区洪水调蓄的空间分布特征，将西部地区的洪水调蓄根据其调蓄量的大小级划分为极重要、重要、中等重要和一般 4 个区域。2020 年，西部地区生态系统洪水调蓄极重要区域面积为 23.40 万 km²，约占西部地区总面积的 3.48%，洪水调蓄量为 285.78 亿 m³，主要分布在大小兴安岭、大巴山、唐古拉山、武夷山区、藏东南等地 [图 1-10（e）]；重要区域面积为 27.64 万 km²，约占西部地区总面积的 4.11%，洪水调蓄量为 166.55 亿 m³；中等重要区域面积约为 32.33 万 km²，约占西部地区总面积的 4.81%，洪水调蓄量为 148.43 亿 m³（表 1-6）。

表 1-6　西部地区生态系统洪水调蓄功能重要性程度统计（2020 年）

洪水调蓄功能重要性	面积 / 万 km²	占西部地区总面积比例 /%	洪水调蓄量 / 亿 m³
极重要	23.40	3.48	285.78
重要	27.64	4.11	166.55
中等重要	32.33	4.81	148.43
一般	588.89	87.60	265.71

2020 年，广西的洪水调蓄量最高，为 324.38 亿 m³，约占西部地区洪水调蓄总量的 37.44%；其次是云南，洪水调蓄量为 110.24 亿 m³，约占西部地区洪水调蓄总量的 12.72%；宁夏的洪水调蓄量最低，为 0.28 亿 m³，仅约占西部地区洪水调蓄总量的 0.03%。

2000～2020 年，西部地区生态系统洪水调蓄功能整体呈上升态势，洪水调蓄增幅达 4.47%。从各省份来看，西部地区生态系统洪水调蓄功能增幅最大的省份是宁夏，为 24.21%；贵州的洪水调蓄功能增幅次之，为 16.67%；甘肃的洪水调蓄功能增幅排名第三，为 16.67%；内蒙古、新疆和重庆的洪水调蓄功能有所下降，分别下降了 10.14%，2.51% 和 1.38%。

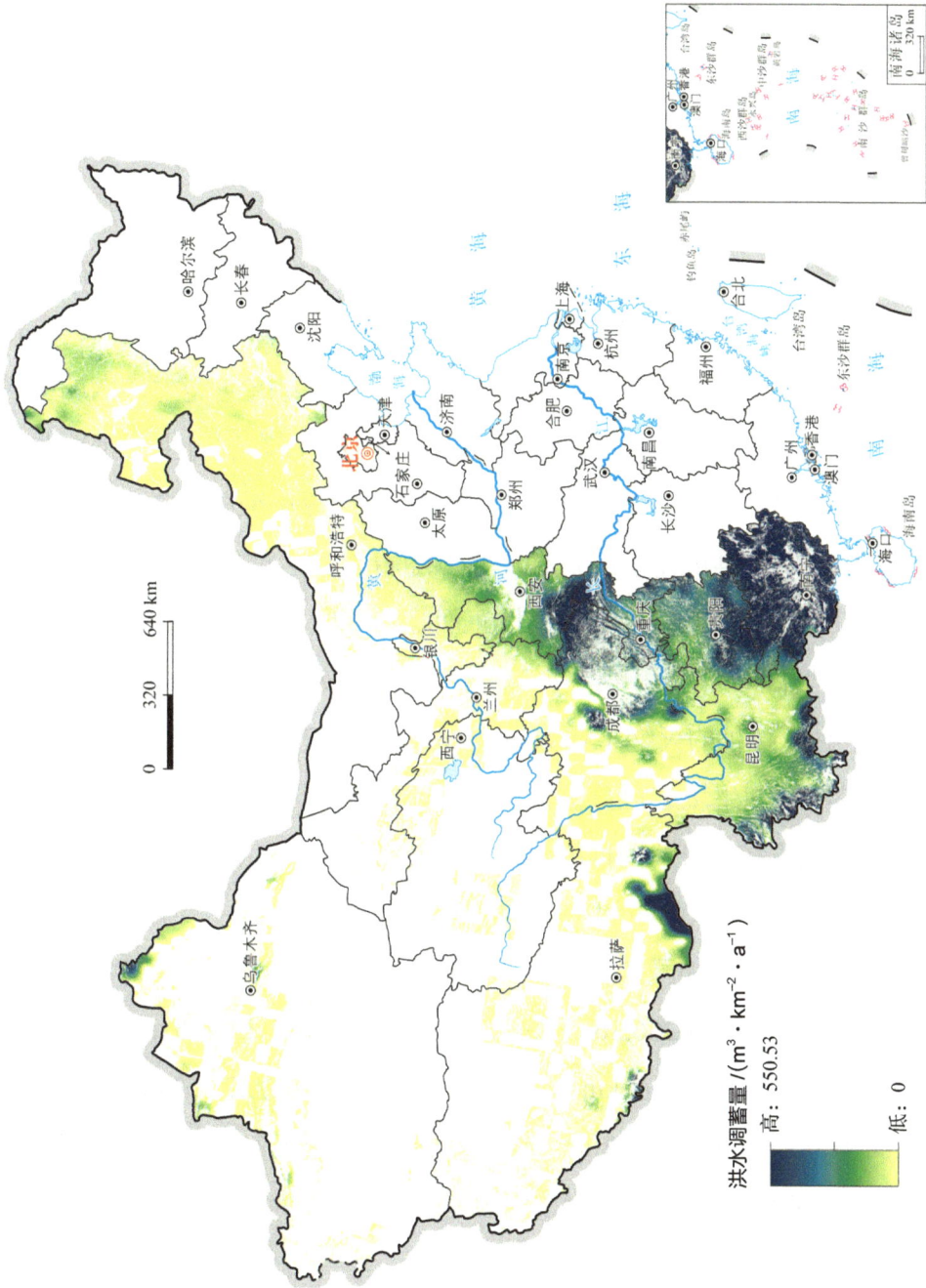

图 1-15 西部地区生态系统洪水调蓄功能空间格局（2020 年）

六、生物多样性保护

生物多样性是地球上生物物种、基因和生态系统的丰富程度。它是地球生命的基石，对于维持生态平衡、保护生态系统功能以及人类的生存和发展至关重要。不同物种之间相互依存，构成了复杂而稳定的生态系统。生物多样性的减少会导致食物链和食物网的破坏，从而打破生态平衡，引发连锁反应，危害整个生态系统的稳定性和功能。此外，生物多样性的减少还会影响基因的多样性，降低物种的抗逆能力，增加患病几率，威胁人类健康和食品安全。生物多样性直接影响着生态系统服务的强弱。保护生物多样性可以维持这些生态系统服务的稳定性，为人类的生产和生活提供可持续的资源支持。随着人类活动的不断扩张和环境破坏的加剧，地球上的生物多样性正面临严重威胁。人类活动的扩张导致了大片栖息地的破坏和丧失，这些活动不仅破坏了许多物种的栖息地，还直接导致了物种的灭绝（Xu et al.，2017a，2017b）。通过对西部地区的重点保护物种的生境进行分析，可以明晰西部地区的生物多样性保护现状。西部地区重点保护物种的生境以自然生态系统为主，包括森林、灌丛、草地、湿地等自然生境。

2020 年，西部地区的自然生境总面积为 434.59 万 km^2。其中草地所占比重最大，面积为 266.36 万 km^2，占自然生境总面积的 61.29%；其次是森林，面积为 97.14 万 km^2，占自然生境总面积的 22.35%；灌丛和湿地的面积分别为 50.99 万 km^2、20.10 万 km^2，分别占自然生境总面积的 11.73%、4.63%。空间上，自然生境主要集中分布于大兴安岭、秦岭、藏南和云贵高原（图 1-16）。

为了更好地明确生态多样性保护的重要和关键区域，在结合生态系统的原真性、完整性以及重要保护价值的物种等特征的基础上形成了西

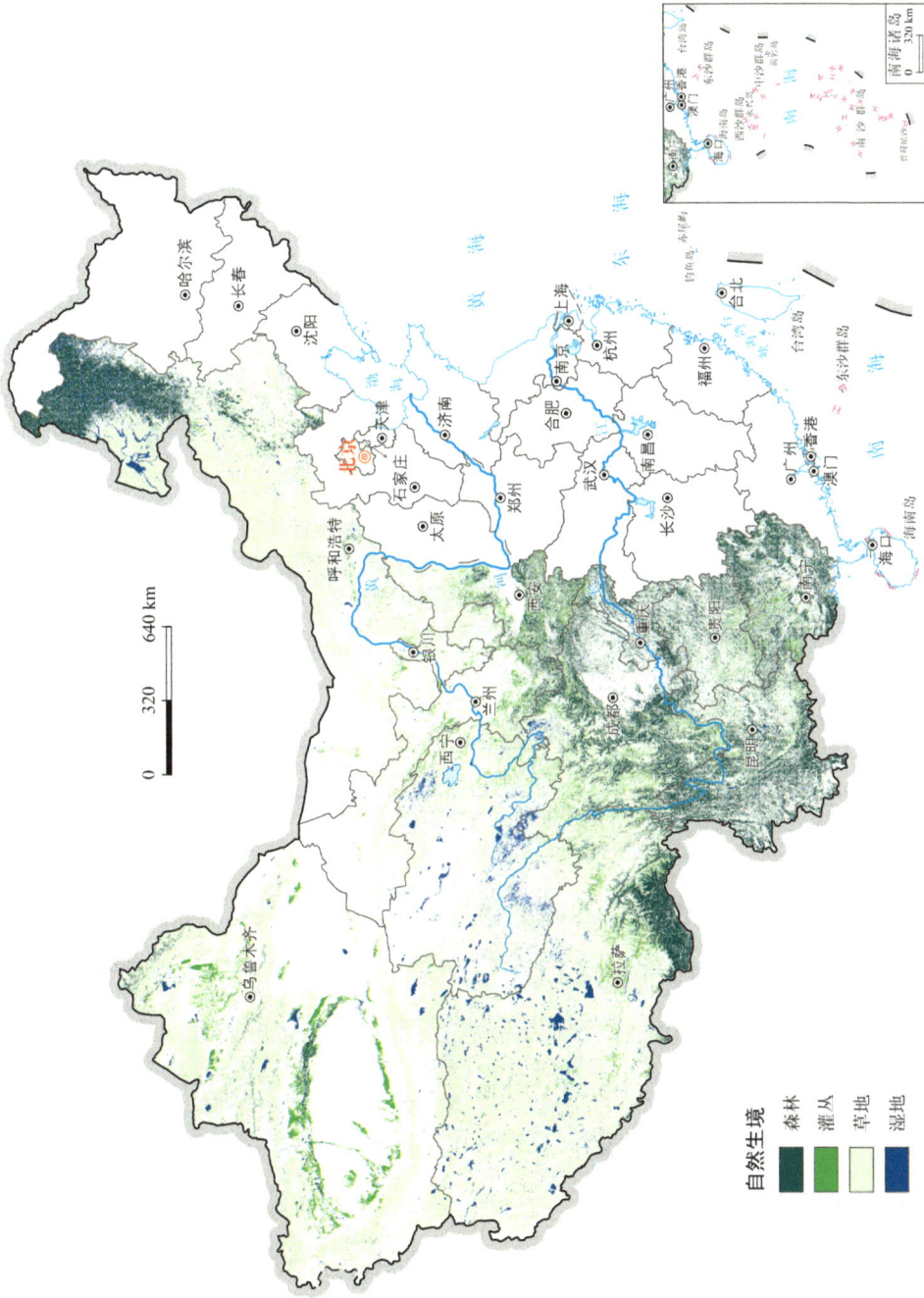

图1-16 西部地区生物多样性自然生境分布（2020年）

自然生境

森林
灌丛
草地
湿地

部地区生态多样性保护重要性空间分布格局，包括极重要、重要、中等重要和一般 4 个区域。

　　总体上，2020 年，西部地区生物多样性保护极重要区域的面积为 134.00 万 km^2，占西部地区总面积的 19.93%，主要分布在大兴安岭地区、阿尔泰山、天山、祁连山地区、横断山区、藏东南地区、滇西南地区等；重要区域的面积为 105.82 万 km^2，占西部地区总面积的 15.74%，主要分布在昆仑山、阿尔泰山脉南部地区、青海南部地区、云贵高原东部；中等重要区域的面积为 248.50 万 km^2，占西部地区总面积的 36.96%，主要分布在青藏高原中西部、阿尔泰山 – 准噶尔盆地过渡地区、黄土高原 [图 1-10（f）和表 1-7]。

表 1-7　西部地区生物多样性保护重要性程度统计（2020 年）

生物多样性保护重要性	面积 / 万 km^2	占西部地区总面积比例 /%
极重要	134.00	19.93
重要	105.82	15.74
中等重要	248.50	36.96
一般	183.93	27.36

注：因为四舍五入原因，表内分项数据加总不等于总计。

　　在西部地区的省份中，西藏的重点保护物种自然生境面积最大，为 104.88 万 km^2，约占西部地区自然生境总面积的 24.13%；其次是内蒙古，面积为 74.95 万 km^2，约占西部地区自然生境总面积的 17.25%；排名第三的是新疆，面积为 66.53 万 km^2，约占西部地区自然生境总面积的 15.31%；宁夏的生境面积最小，为 3.04 万 km^2，约占西部地区自然生境总面积的 0.70%。

　　2000～2020 年，森林、湿地的生境面积有所增加，两者的面积分别增加了 6.18 万 km^2 和 2.07 万 km^2，增幅分别为 6.79% 和 10.83%；灌丛和草地的生境面积有所减少，两者的面积分别减少了 2.45 万 km^2 和

7.60 万 km^2，降幅分别为 4.59% 和 2.77%。

不同省份的自然生境面积变化存在较大差异。其中，宁夏的自然生境面积增幅最大，为 17.30%，增加了 0.45 万 km^2；贵州的自然生境面积增幅次之，为 14.57%，增加了 1.75 万 km^2；甘肃的自然生境面积增幅排名第三，为 13.61%，增加了 2.41 万 km^2。

七、生态系统服务重要性特征

由于水源涵养、土壤保持、防风固沙、地上植被碳库、洪水调蓄和生物多样性保护等生态系统服务的重要性存在一定的空间异质性（Ouyang et al.,2016），为了进一步明确生态系统服务重要性的综合特征，掌握和理解未来我国西部地区生态保护修复的重点区域，通过对不同生态系统服务的重要性进行综合考虑，形成我国西部地区生态系统服务重要性空间分布格局。

总体上，西部地区生态系统服务极重要区域和重要区域的面积分别为 228.02 万 km^2 和 166.48 万 km^2，分别占西部地区总面积的 33.92% 和24.76%，同时也分别占全国生态系统服务极重要区域和重要区域面积的70.19% 和 87.69%（表 1-8），是全国生态系统服务极重要区域和重要区域的主体。空间上，西部地区的生态系统服务极重要区域和重要区域主要分布在内蒙古东部大兴安岭林区、呼伦贝尔草原、秦巴山区、横断山区、三江源、祁连山、天山、藏东南等地［图 1-10（g）］。

表 1-8　西部地区生态系统服务重要性程度统计（2020 年）

生态系统服务重要性	面积 / 万 km^2	占西部地区总面积比例 /%	占全国同级别生态系统服务重要性面积比例 /%
极重要	228.02	33.92	70.19
重要	166.48	24.76	87.69
中等重要	114.33	17.01	70.48
一般	163.43	24.31	59.50

41

第二章

西部生态系统保护
修复进展与成效

2000 年以来，在国家生态安全屏障建设的总体目标下，西部作为国家生态系统保护修复的重点区域、国家重点生态功能区和生态保护红线的主体，先后实施了天然林保护工程、退耕还林还草工程、全国湿地保护工程、西藏生态安全屏障保护与建设工程、三江源生态保护与建设工程、塔里木河流域生态治理工程、岩溶地区石漠化综合治理工程，以及山水林田湖草沙一体化保护和修复工程等，生态系统保护修复相关的总投资达数万亿元。国家重大科技计划与专项在西部生态系统保护修复过程中提供了重要支撑。

第一节　西部生态系统保护修复的科技支撑

我国西部地区生态系统独特且脆弱，大部分地区气候或者地理情况复杂、气候恶劣、人迹罕至，对重要生态区进行详细科学的研究，是认清西部地区生态系统运行机制、针对性指导生态系统保护修复的基础。我国对西部地区投入的重点科学研究项目包括青藏高原综合科学考察、"典型脆弱生态系统保护与修复"重点专项、京津风沙源治理工程等，相关研究如下。

一、青藏高原综合科学考察研究

青藏高原是我国重要的生态地理大区，是我国"三区四带"重要生态安全屏障区。长期以来，青藏高原生态系统演变及其驱动机制是我国乃至全球待探查的难题。自 20 世纪 50 年代至今，党和国家高度重视青藏高原科学研究工作，专门组建了中国科学院青藏高原研究所，组织大量人力物力对青藏高原进行了包括两次大型综合科学考察研究在内的长期持续科学研究，取得了诸多成果，为青藏高原的科学保护修复提供了重要支撑。

（一）第一次青藏高原综合科学考察

20世纪70年代，作为当时国家科技计划主管部门的中国科学院，编制了《中国科学院青藏高原1973—1980年综合科学考察规划》，组建了中国科学院青藏高原综合科学考察队，拉开了第一次青藏高原综合科学考察研究的序幕。此次科学考察组织了冰川、河流、森林、草原、土壤、鸟类、哺乳类、地球物理、地质构造、古生物等19个不同专业领域的2000多名科研人员。1981～1992年，科学考察队全面完成了面积达250万 km^2 的青藏高原综合科学考察，阐明了高原地质发展的历史及隆升的原因，分析了高原隆起后对自然环境和人类活动的影响，研究了高原自然条件与自然资源的特点及其利用改造的方向和途径。第一次青藏高原综合科学考察产出了87部专著、5本论文集，相关成果荣获中国科学院科技进步奖特等奖、国家自然科学奖一等奖和陈嘉庚科学奖，队员中产生了20多位院士，刘东生院士、叶笃正院士、吴征镒院士先后荣获国家最高科学技术奖。

（二）第二次青藏高原综合科学考察

在20世纪90年代初圆满完成第一次青藏高原综合科学考察后，国家"八五"攀登计划"青藏高原形成演化、环境变迁与生态系统研究"（1992～1996年）、"九五"攀登计划"青藏高原环境变化与区域可持续发展研究"（1997～2000年）、国家重点基础研究发展计划"青藏高原形成演化及其环境、资源效应"（1999～2003年）对青藏高原开展了持续研究，特别对第一次青藏高原综合科学考察的研究区域和路线的薄弱环节进行了针对性的深入研究。2009 年，中国科学院启动了"第三极环境"（TPE）国际计划，推动我国青藏高原研究进入国际第一方阵。

在上述持续科研投入的基础上，考虑到青藏高原自然与社会环境的剧烈变化，以及气候变化影响的加剧、生态环境和水循环格局的重大变化，第二次青藏高原综合科学考察在 2017 年正式启动。

第二次青藏高原综合科学考察围绕青藏高原地球系统变化及其影响这一关键的科学问题，制定亚洲水塔动态变化与影响、生态系统与生态安全、生态安全屏障功能与优化体系等 10 项科学考察研究任务，组建 10 个科学考察分队，对青藏高原开展全覆盖的科学考察研究。第二次青藏高原综合科学考察充分体现"智能科考"的特点，建立空－天－地观测研究网络体系，采用卫星、高海拔自动科学考察机器人、互联网、大数据处理与超级计算等新技术、新手段和新方法，从流动式观测到长期固定观测，从静态观测到动态监测，从人工观测到智能辅助观测，大幅提高科学考察能力。第二次青藏高原综合科学考察聚焦隆升与生态环境效应、生态系统与生态安全、资源环境承载力、亚洲水塔变化与影响、西风－季风协同作用与影响、生态屏障优化、人类活动对环境影响与适应、灾害风险防治等重点问题，重点考察研究过去 50 年来变化的过程与机制及其对人类社会的影响，揭示青藏高原地球系统变化机理，优化青藏高原生态安全屏障体系，提出亚洲水塔与生态安全屏障保护、"第三极"国家公园群建设和绿色发展途径的科学方案。

二、典型脆弱生态系统保护修复系列研究

西部地区是我国典型脆弱生态系统的集中区，也是我国重大科技计划持续关注地。"十五"国家科技攻关计划"中国西部重点脆弱生态区综

合治理技术与示范"完成了西部脆弱生态系统的综合评价,揭示了西部脆弱生态区环境演变规律,探讨了各类型生态区退化的成因;针对各类脆弱生态区存在的问题,在示范区内开发了江河源区草地退化综合治理、半干旱黄土丘陵沟壑区水土流失防治及生态农业建设、长江上游地区水土流失防治及生态恢复、西南喀斯特地区生态综合治理、新疆干旱荒漠区高效生态产业综合开发等一系列技术。

科技部"十一五"国家科技支撑计划项目"典型脆弱生态系统重建技术与示范"和"西部地区生态安全关键技术与示范"重点攻关了西部地区退化生态系统恢复和重建技术,在流域整体或系统水平的更大区域尺度上开发了典型退化生态系统综合治理技术集成,开发了重大生态建设工程生态环境效应和生态风险评价的理论方法体系,构建了生态系统可持续管理方法体系。"十一五"期间,我国进一步开发了西部生态环境基础信息系统和动态监测网络,更全面准确地调查了西部地区生态环境现状和生态质量。

"十二五"期间,针对气候变化这一全球热点问题对脆弱生态系统及其演变的影响,我国开展了"典型脆弱生态系统的技术适应体系研究"。该项目对西部地区鄂尔多斯和毛乌素等重点沙地生态系统对气候变化的响应与适应、草地生态系统的优化生态生产范式进行了技术研发;面向适应气候变化,对西部地区高寒草地生态系统的野外围栏技术和豆科接种技术进行了重点攻关,并对技术效果进行了详细评估。

"十三五"开始,"典型脆弱生态系统保护与修复"成为国家重点研发计划的一个专门方向。"十三五"期间,西部地区的相关重点研发计划主要围绕"北方风沙区沙化土地综合治理""黄土高原生态系统结构改善及稳定性维持技术""青藏高原生态系统功能提升与适应性管理""长江中上游区生态保护修复"等主题展开,重点开发了退化草地、石漠化和荒漠化地区、矿山、盐碱地、高寒生态系统、水土流失地区等各类退化生态系统的综合修复与重建技术。

"十四五"期间，涉及西部地区的"典型脆弱生态系统保护与修复"继续推进荒漠化防治、水土流失治理、石漠化治理、退化生态系统修复技术的研发，突出生态系统内多要素、各类生态系统间以及生态系统与社会经济系统的耦合驱动机制的探索与协同治理体系的构建，统筹山水林田湖草沙冰系统治理科技创新。面向"昆蒙框架"和国家公园体系建设推进生物多样性保护技术体系开发，重点发展旗舰和濒危动植物保育与种群恢复技术、重点动物栖息地与迁徙监测和保护技术以及外来入侵物种防控技术。

三、京津风沙源治理相关重点研究

京津风沙源区是我国北方生态屏障的重要组成部分，2002~2012 年和 2013~2022 年，我国实施了两期京津风沙源治理工程，有效降低了京津地区的风沙数量和强度。在两期（尤其是首期）风沙源治理工程中，我国长期风沙治理相关的科技积累得到了良好的应用，包括：20 世纪 50 年代以来积累的荒漠和草地监测站点数据；21 世纪以来国家科技计划研发的沙漠形成演化、土地沙化过程、生态水文过程、土壤风蚀沙化过程、沙化土地监测、防沙治沙植物种选择与繁育、沙区飞播与封育植被恢复、铁路与公路防沙技术等（贾晓红等，2016）。

为进一步解决京津风沙源工程区沙化土地面积大、危害严重、人工固沙植被退化等问题，从根本上阐明风沙源区土地沙化形成机制和演变趋势，科技部"十三五"和"十四五"国家重点研发计划分别实施了"京津冀风沙源区沙化土地治理关键技术研究与示范"（2016 年）、"京津风沙源工程区沙化土地近自然生态修复与生态安全提升技术"（2023 年），其中前者直接参与助力了京津风沙源治理二期工程，不仅进一步完善了京津风沙源区土地沙化形成机制与演变趋势的理论基础，也在河北、内蒙古、山西和陕西建立了超过 8 万亩[①] 沙化土地治理与产业化示范区，取得了多方面的科技产出。

四、黄土高原水土流失治理重点研究专项

黄土高原是我国"三区四带"重要生态屏障，也是中华文明发源地，数千年的人类活动对黄土高原生态系统造成了严重破坏，森林覆盖率从西周时期的 53% 降低到新中国成立时期的 6%，生态系统脆弱，尤其是水土流失极为严重。20 世纪 50 年代以来，在政府推动、历代科学家的共同努力下，黄土高原水土流失治理经历了"坡面治理""小流域治理""退耕还林还草"等三个主要阶段，进入 21 世纪后，生物治理与自然生态系统修复成为黄土高原水土流失治理的主要手段。

为进一步推进黄土高原水土流失治理成效、加强自然生态系统修复、提升生态系统稳定性、推动黄土高原地区可持续发展，"十五"和"十一五"期间，我国重点在半干旱黄土丘陵地区采取了植被恢复、防护栏体系建设等关键技术措施，开发了沟壑区水土流失防治、退化生态系统整治与生态产业、生态农业的协调发展技术；科技部国家重点研发计划 2016～2024 年针对黄土高原水土流失治理部署了 7 项任务，涉及生态系统演变规律、生态工程保护修复技术、小流域治理、人工林生态系统改善、山水林田湖草治理等方方面面，有效支撑了黄土高原水土流失治理和生态系统恢复。

---

① 1 亩 ≈666.7 m^2。

第二节 全国重点生态功能区

国家重点生态功能区是指承担水源涵养、土壤保持、防风固沙和生物多样性保护等重要生态功能，关系全国或较大范围区域的生态安全，需要在国土空间开发中限制进行大规模、高强度的工业化城镇化开发，以保持并提高生态产品供给能力的区域。加强全国重点生态功能区环境保护和管理，是增强生态服务功能，构建国家生态安全屏障的重要支撑，也是推进主体功能区建设、优化国土开发空间格局、建设"美丽中国"的重要任务。

一、西部地区全国重点生态功能区划定现状

2008 年起，我国启动了首批重点生态功能区，以县为单位开展生态功能区保护工作。2010 年，国务院印发的《全国主体功能区规划》首次以国土空间规划的形式，明确了 25 个重点生态功能区所涉及的 436 个县、限制开发区域以及禁止开发区域。2017 年，国家发展和改革委员会印发的《明确新增国家重点生态功能区类型》将 240 个县和 87 个重点国有林区林业局新纳入重点生态功能区保护范围。至此，我国重点生态功能区涵盖 676 个县和全部 87 个国有重点林区。2022 年，自然资源部印发的《全国国土空间规划纲要（2021—2035 年）》，进一步将全国重点生态功能区调整为 48 个，并按照防风固沙、土壤保持、水源涵养和生物多样性保护等 4 类主导生态服务功能，明确各县主要生态功能保护任务，涉及县总数达 1441 个。

如表 2-1 和表 2-2 所示，截至 2022 年，西部地区 12 个省份共划定 31 个全国重点生态功能区，涉及 700 个县共 300.01 万 km^2 的国土。31 个全国重点生态功能区中，有多达 11 个重点生态功能区以生物多样性保护为主导功能，占比达 35%；以水源涵养为主导功能的重点生态功能区数量次之，达到了 10 个；以防风固沙和土壤保持为主导功能的重点生态功能区相对较少，分别为 6 个和 4 个。

表 2-1　西部地区 31 个全国重点生态功能区涉及地区、面积及主导生态功能

名称	所涉及省份及县的数量 / 个	面积 / 万 km^2
防风固沙类		
浑善达克沙地防风固沙重要区	内蒙古（13）	17.44
鄂尔多斯高原防风固沙重要区	内蒙古（18）、宁夏（6）、陕西（2）	9.03
呼伦贝尔草原防风固沙重要区	内蒙古（1）	1.64
科尔沁沙地防风固沙重要区	内蒙古（6）	1.43
塔里木河流域防风固沙重要区	新疆（12）	4.46
阴山北部防风固沙重要区	内蒙古（10）	3.34
土壤保持类		
川滇干热河谷土壤保持重要区	云南（22）、四川（13）、	5.06
黄土高原土壤保持重要区	陕西（29）、甘肃（6）、宁夏（1）	7.56
三峡库区土壤保持重要区	重庆（1）	0.30
西南喀斯特土壤保持重要区	贵州（24）、云南（4）、广西（19）	8.25
水源涵养类		
阿尔泰山地水源涵养与生物多样性保护重要区	新疆（8）	4.96
大兴安岭水源涵养重要区	内蒙古（21）	28.14
甘南山地水源涵养重要区	甘肃（11）、青海（7）、四川（2）	7.74
京津冀北部—辽河源水源涵养重要区	内蒙古（7）	4.39
南岭山地水源涵养与生物多样性保护	广西（10）	1.17

名称	所涉及省份及县的数量 / 个	面积 / 万 km²
祁连山水源涵养重要区	甘肃（17）、青海（11）	12.33
三江源水源涵养与生物多样性保护重要区	青海（12）、西藏（6）、四川（4）	21.37
天山水源涵养与生物多样性保护重要区	新疆（40）	16.86
云开大山—大瑶山水源涵养与生物多样性保护	广西（22）	3.26
西江上游水源涵养与土壤保持重要区	云南（8）、广西（26）	6.84
生物多样性保护类		
阿尔金山南麓生物多样性保护重要区	新疆（3）、青海（2）、西藏（2）	31.27
藏东南生物多样性保护重要区	西藏（30）、四川（2）	17.42
藏西北羌塘高原生物多样性保护重要区	西藏（6）、新疆（4）	23.13
滇南生物多样性保护重要区	云南（19）	4.10
滇西北高原生物多样性保护与水源涵养重要区	云南（16）、四川（4）、西藏（3）	11.93
岷山—邛崃山—凉山生物多样性保护与水源涵养重要区	四川（58）、甘肃（3）、云南（2）、陕西（1）	12.90
秦巴山地生物多样性保护与水源涵养重要区	陕西（41）、甘肃（10）、四川（5）、重庆（3）	10.12
无量山—哀牢山生物多样性保护重要区	云南（19）	3.14
武陵山区生物多样性保护与水源涵养重要区	贵州（26）、重庆（10）、广西（4）	6.61
西鄂尔多斯—贺兰山—阴山生物多样性保护重要区	内蒙古（8）、宁夏（7）	5.58
珠穆朗玛峰生物多样性保护与水源涵养重要区	西藏（13）	8.22

注：资料来源于《全国国土空间规划纲要（2021—2035 年）》；因为四舍五入原因，表内分项数据加总不等于总计。

　　从涉及县的数量来看，以生物多样性保护、水源涵养、土壤保持、防风固沙为主导功能的全国重点生态功能区分别涉及 301 个、212 个、119 个和 68 个县。西部各省份在全国重点生态功能区保护任务上也呈现不同的重要性和侧重点。内蒙古、四川和云南承担的全国重点生态功能区数量为 7 个及以上，相较之下，贵州、重庆和宁夏承担的全国重点生

表2-2 西部各省份各类全国重点生态功能区分布情况

地区	全国重点生态功能区			防风固沙类		土壤保持类		水源涵养类		生物多样性保护类	
	数量/个	涉及县数/个	面积/万km²	涉及县数/个	面积/万km²	涉及县数/个	面积/万km²	涉及县数/个	面积/万km²	涉及县数/个	面积/万km²
西部合计	31	700	300.01	68	37.34	119	21.17	212	107.07	301	134.43
内蒙古	8	84	68.79	48	30.93	0	0	28	32.54	8	5.32
广西	5	81	14.13	0	0	19	4.31	58	8.94	4	0.89
重庆	3	14	3.15	0	0	1	0.30	0	0	13	2.85
四川	7	89	15.83	0	0	13	1.56	6	0.62	70	13.64
贵州	2	50	7.54	0	0	24	3.87	0	0	26	3.67
云南	7	90	18.42	0	0	26	3.58	8	2.33	56	12.51
西藏	6	60	70.08	0	0	0	0	6	3.15	54	66.93
陕西	4	73	14.34	2	1.07	29	5.99	0	0	42	7.28
甘肃	5	47	13.33	0	0	6	0.94	28	9.86	13	2.52
青海	4	32	40.36	0	0	0	0	30	27.81	2	12.55
宁夏	3	14	1.76	6	0.88	1	0.62	0	0	7	0.26
新疆	5	66	32.28	12	4.46	0	0	48	21.82	6	6.00

注：资料来源于《全国国土空间规划纲要（2021—2035年）》；新疆包含新疆生产建设兵团数据；由于生态功能区往往具备跨省份的特征，各省份的生态功能区数量加总大于西部地区总计；因为四舍五入原因，表内面积分项数据加总不等于总计。

态功能区为 2～3 个。从面积上看，新疆、西藏、内蒙古和青海均有超过 30 万 km² 的区域面积为全国重点生态功能区，其余 8 个省份的全国重点生态功能区面积小于 20 万 km²。在各省份的全国生态功能区侧重点上，内蒙古以防风固沙和水源涵养为主，重庆、四川、云南、西藏以生物多样性保护为主，贵州、陕西以土壤保持和生物多样性保护为主，甘肃、青海、新疆以水源涵养为主，宁夏以防风固沙和土壤保持为主。

二、西部地区全国重点生态功能区转移支付

资金投入是确保重点生态功能区保护工作得以有效实施的核心要素。我国主要通过对重点生态功能区采用中央财政转移支付的方式来进行生态补偿。从 2008 年首次下拨 60.51 亿元专项转移支付开始，全国重点生态功能区转移支付总额呈现持续快速增长的态势，至 2023 年已突破 1000 亿元。在这 16 年内，全国重点生态功能区转移支付累计超过 9000 亿元，其中近 10 年累计投入超过 7900 亿元。县均生态转移支付资金从 2008 年的不足 0.3 亿元增长至 2023 年的约 0.74 亿元。

如表 2-3 所示，西部地区近五年（2018～2023 年）全国重点生态功能区转移支付资金呈现增长态势，2023 年达到 636.49 亿元，比 2018 年增长 51.1%，年均增长率达到 8.6%，分别比全国平均水平高 3.9 个和 0.6 个百分点。西部地区重点生态功能区转移支付资金占全国比重稳定在 60% 左右。在西部 12 个省份内部，甘肃省 2023 年重点生态功能区转移支付资金占比最高，达到 13.6%，宁夏由于重点生态功能区涉及的县较少，财政转移支付资金占比不足 4%。西部 12 个省份中，有 5 个省份的重点生态功能区财政转移支付资金占比出现下滑，其余 7 个省份则出现了不同程度的上升。

西部地区由于生态保护工作量大且复杂，县均生态转移支付资金一

表2-3 2018~2023年西部地区全国重点生态功能区转移支付

地区	涵盖县数量/个	财政生态转移支付资金合计/亿元						县均生态转移支付资金/亿元					
		2018年	2019年	2020年	2021年	2022年	2023年	2018年	2019年	2020年	2021年	2022年	2023年
全国合计	1441	721.00	811.00	794.50	870.65	992.04	1061.00	0.50	0.56	0.55	0.60	0.69	0.74
西部合计	700	421.30	481.18	487.46	536.39	593.66	636.49	0.60	0.69	0.70	0.77	0.85	0.91
内蒙古	43	32.76	34.82	33.63	37.24	39.06	41.44	0.39	0.41	0.40	0.44	0.47	0.49
广西	81	22.82	31.84	29.22	31.46	36.42	38.64	0.28	0.39	0.36	0.39	0.45	0.48
重庆	10	24.23	25.71	25.18	26.69	28.21	29.70	1.73	1.84	1.80	1.91	2.02	2.12
四川	42	42.73	44.76	48.58	55.78	60.15	64.65	0.48	0.50	0.55	0.63	0.68	0.73
贵州	25	52.81	64.55	58.24	62.22	70.50	76.37	1.06	1.29	1.16	1.24	1.41	1.53
云南	39	44.23	63.26	59.75	64.45	65.51	70.08	0.49	0.70	0.66	0.72	0.73	0.78
西藏	30	18.46	18.78	25.93	31.39	36.90	39.77	0.31	0.31	0.43	0.52	0.62	0.66
陕西	36	28.57	33.84	37.22	40.01	46.70	51.83	0.39	0.46	0.51	0.55	0.64	0.71
甘肃	37	57.47	64.62	66.81	73.32	79.71	86.61	1.22	1.37	1.42	1.56	1.70	1.84
青海	20	34.34	32.57	39.15	46.18	50.42	56.23	1.07	1.02	1.22	1.44	1.58	1.76
宁夏	8	15.76	17.59	18.56	19.19	20.82	22.18	1.13	1.26	1.33	1.37	1.49	1.58
新疆	48	47.12	48.84	45.19	48.46	54.73	58.99	0.71	0.74	0.68	0.73	0.83	0.89

注：数据资料根据财政部网站公布数据整理；新疆包含新疆生产建设兵团数据。

直高于全国平均水平，近 5 年，西部地区县均生态转移支付资金从 0.60 亿元增长至 0.91 亿元。在西部 12 个省份中，仅有 5 个省份低于全国平均水平。重庆、甘肃、青海、宁夏和贵州 5 省份县均生态转移支付资金明显超出西部地区的平均水平，其中重庆和甘肃 2023 年县均生态转移支付资金甚至分别高达 2.12 亿元和 1.84 亿元，是西部地区平均水平的两倍，明显高于全国平均水平。

三、西部地区重点生态功能区生态效益

经过十余年的西部地区重点生态功能区保护，西部地区重点生态功能区各类生态功能，尤其是主导生态功能得到了明显提升，取得了良好的生态效益。

2020 年，西部地区全国重点生态功能区防风固沙量达到 175.98 亿 t（表 2-4），其中，以防风固沙为主导功能的重点生态功能区以 12% 的面积贡献了 39% 的数量；同时期，西部地区全国重点生态功能区土壤保持量为 657.39 亿 t，其中，以土壤保持为主导功能的重点生态功能区以 7% 的面积贡献了约 15% 的数量。西部地区全国重点生态功能区水源涵养量为 4303.52 亿 m^3，其中，以水源涵养为主导功能的重点生态功能区贡献了 31%，低于面积所占比例约 5 个百分点。这主要是由于西部地区 31 个全国重点生态功能区整体处于水系上游，即便是不以水源涵养为主导生态功能的区域也普遍具备较强的水源涵养能力，区域内生态保护对生态服务功能的强化也不仅限于主导生态功能。西部地区全国重点生态功能区的保护也在洪水调蓄和固碳方面带来了巨大的生态效益，2020 年洪水调蓄量达到 545.47 亿 m^3，地上植被碳库储量高达 3719.74 百万 t 碳。

同一时期，西部各省份的全国重点生态功能区的生态效益也取得了良好成果。内蒙古的防风固沙量达到 101.16 亿 t，占西部地区总量的约六

表2-4 2020年西部地区全国重点生态功能区生态服务功能量

地区	防风固沙量/亿t		土壤保持量/亿t		水源涵养量/亿m³		洪水调蓄量/亿m³	固碳量/百万t碳
	总量	主导功能区	总量	主导功能区	总量	主导功能区		
西部合计	175.99	67.94	657.39	100.47	4303.52	1319.00	545.47	3719.74
内蒙古	101.16	61.35	33.87	0	461.98	294.19	26.43	586.45
广西	0	0	120.69	22.91	755.26	452.84	208.05	538.00
重庆	0	0	13.35	0.46	143.84	0	25.03	96.56
四川	0.15	0	98.59	8.24	484.70	8.95	46.41	485.57
贵州	0	0	41.81	14.71	335.39	0	60.97	223.43
云南	0.05	0	126.79	21.21	614.85	79.72	51.99	625.96
西藏	14.78	0	79.24	0	727.74	41.63	56.84	650.10
陕西	15.17	3.37	81.69	26.59	206.75	0	54.02	261.70
甘肃	3.23	0	27.33	6.21	102.54	77.19	6.25	115.42
青海	31.40	0	20.33	0	292.63	220.56	0.22	51.19
宁夏	1.68	0.84	0.58	0.14	4.31	0	0.47	0.60
新疆	8.37	2.38	13.11	0	173.52	143.92	8.81	84.76

注："主导功能区"是指以特定生态服务功能为主导功能的全国重点生态功能区；新疆包括新疆生产建设兵团数据。

成；云南和广西的土壤保持量分别达到 126.79 亿 t 和 120.69 亿 t，是西部地区唯二超过百亿吨的省份；广西、西藏和云南在西部地区水源涵养方面做出了巨大贡献，水源涵养量均超过 600 亿 m³；广西洪水调蓄量超过 200 亿 m³，仅一地区就占西部全国重点生态功能区洪水调蓄量的约四成；西藏和云南的全国重点生态功能区取得了巨大的固碳成效，地上植被碳库储量均超过 600 百万 t，合计占西部全国重点生态功能区地上植被碳库储量的约 1/3。

第三节　退耕还林还草还湿

1998 年特大洪灾后，党中央、国务院将"封山植树，退耕还林"作为灾后重建、整治江湖的重要措施。1999 年起，按照"退耕还林（草）、封山绿化、以粮代赈、个体承包"的政策措施，四川、陕西、甘肃 3 省率先开展退耕还林还草试点，2002 年在全国范围内全面启动退耕还林还草工程。20 年的持续建设，中央财政累计投入 5000 多亿元，在 25 个省份和新疆生产建设兵团的 287 个地市（含地级单位）、2435 个县（含县级单位）实施退耕还林还草 5 亿多亩，占同期全国重点工程造林总面积的 2/5，4100 万农户、1.58 亿农民直接受益（国家林业和草原局，2020）。为进一步巩固和扩大退耕还林还草还湿的效果，2014 年 8 月，经国务院同意，国家发展和改革委员会、财政部、国家林业局、农业部、国土资源部联合向各省级人民政府印发了《关于印发新一轮退耕还林还草总体方案的通知》，正式开启新一轮退耕还林还草还湿工作。

一、西部地区退耕还林还草还湿工作的重要性、复杂性和严峻性

(一) 退耕还林还草还湿的主战场

西部地区土地广阔,生态系统类型多样,包括干旱区、半干旱区、高寒区、喀斯特地貌等,这些区域的生态环境脆弱。西部地区具有特殊的生态环境,拥有丰富的生物多样性和独特的生态系统,保护修复这些区域的生态环境对于维护全国的生态安全具有战略意义。由于西部地区生态系统的脆弱性和重要性,退耕还林还草还湿的生态效益显著,西部地区退耕还林还草直接影响了全国生态系统的稳定性和可持续性。

西部地区是国家退耕还林还草还湿政策的重要实施区域。根据1997 年完成的第一次全国土地资源调查结果,全国 19.5 亿亩耕地中,15°～25° 坡耕地 1.87 亿亩,25° 以上坡耕地 9105 万亩,绝大部分分布在西部地区。根据 2002 年完成的全国第二次水土流失遥感调查结果,我国水土流失面积达 356 万 km^2,占陆地国土面积的 37%,每年流失土壤总量达 50 亿 t 左右。特别是长江、黄河上中游地区因为毁林毁草开荒、坡地耕种,成为世界上水土流失最严重的地区之一,每年流入长江、黄河的泥沙量达 20 多亿 t,其中 2/3 来自坡耕地。根据第二次全国荒漠化沙化土地监测,截至 1999 年,我国有荒漠化土地 267.4 万 km^2,沙化土地 174.3 万 km^2,分别占陆地国土面积的 28% 和 18%,并分别以年均 1.04 万 km^2 和 3436 km^2 的速度扩展,上述沙化和荒漠化也绝大部分处于西部地区。

在我国西部地区,退耕还林还草还湿主要集中在以下几个地区。

(1) 黄土高原地区,包括陕西、甘肃、宁夏等地。这里由于长期的农耕和不合理的土地利用,水土流失严重,是退耕还林还草还湿的重点区域。

(2) 青藏高原地区,主要包括青海和西藏。这些地区生态环境脆弱,退耕还林还草还湿对修复高原生态系统有重要意义。

（3）西北干旱半干旱区，位于新疆、甘肃和内蒙古的部分地区。这些地方干旱少雨，生态环境恶劣，退耕还林还草还湿可以有效改善当地的生态环境。

（4）西南喀斯特地区，包括贵州、云南。这里地质条件特殊，石漠化严重，通过退耕还林还草还湿可以有效防止水土流失和土地退化。

（二）退耕还林还草还湿工作的复杂性和严峻性

西部地区的生境特殊性使其退耕还林还草还湿工作面临独特的挑战。西部地区包括了青藏高原、黄土高原、塔克拉玛干沙漠等特殊生态环境，这些区域往往生态脆弱，气候条件严酷，水资源短缺，生态恢复难度较大。例如，青藏高原的高寒环境和黄土高原严重的水土流失问题，对植物生长和生态修复提出了更高的要求。同时，西部的沙漠化和荒漠化问题严重，防风固沙和生态恢复任务繁重。

在技术难度方面，西部地区的退耕还林还草还湿项目需要克服更多的技术和管理方面的挑战。由于地理环境复杂、气候条件多变，西部地区的生态修复项目需要更高的技术投入和进行科学规划。例如，在黄土高原地区，需要通过修建梯田、植被护坡等措施防止水土流失；在干旱半干旱地区，需要选择耐旱耐寒的植被品种，并使用节水灌溉技术。这些措施的实施不仅需要专业的技术指导，还需要持续的资金投入和管理维护。

此外，社会经济因素也是西部地区退耕还林还草还湿工作的独特影响因素。西部地区的经济发展水平相对落后，农村人口比例较高，许多地方将农业作为主要的生计来源。退耕还林还草还湿政策在这些地区的实施，需要妥善解决农民的生计问题，提供足够的经济补偿和替代产业支持，帮助农民实现收入多元化，提高他们参与生态恢复的积极性和可持续性。

二、西部地区退耕还林还草还湿资金投入

2000~2018 年，全国退耕还林还草还湿项目的财政投入总额达到了 3856.54 亿元，其中西部地区的投入占据了重要部分，达到 2653.66 亿元，占全国总投入的 69%。这些资金投入不仅为西部地区的退耕还林还草还湿项目提供了坚实的物质保障，也对改善当地生态环境、提高农民生活水平和促进区域可持续发展产生了积极作用。西部地区在国家退耕还林还草还湿战略中的关键地位通过这些具体投入得到了充分体现。

西部地区具体的资金投入如下：粮食折资 386.88 亿元，这部分资金主要用于折算退耕农民应得的粮食补贴，确保农民在退耕过程中不因失去粮食种植收益而生活受到影响；种苗费 246.33 亿元，用于购买和种植适合当地生态环境的树苗和草种，确保退耕还林还草还湿项目的科学性和有效性；科技支撑费 0.37 亿元，用于支持生态修复技术研究和推广，确保项目实施的技术支持和创新；粮食调运费 8.28 亿元，用于将补贴的粮食及时运输到退耕地区，保障农民的粮食需求；粮食补助资金 694.54 亿元，这部分资金直接用于补助退耕农民，补偿其因退耕而减少的粮食收入，确保农民生活水平不下降；生活补助费 170.87 亿元，用于对退耕农民的生活补助，帮助他们度过退耕初期的生活调整期；巩固退耕还林成果专项资金 377.40 亿元，用于巩固已取得的退耕还林成果，防止生态环境的二次退化；完善政策补助资金 350.53 亿元，这些资金用于完善和优化退耕还林还草还湿政策，确保政策的持续性和有效性；新一轮退耕还林补助资金 266.67 亿元，用于支持新一轮退耕还林项目的实施，进一步扩大生态修复的规模和效果；其他费用 151.81 亿元，包括各种其他相关支出，用于支持退耕还林还草还湿项目的全面实施和管理（表 2-5）。

表2-5 2000~2018年西部地区退耕还林还草还湿资金投入

（单位：亿元）

地区	粮食折资	种苗费	科技支撑费	粮食调运费	粮食补助资金	生活补助费	巩固退耕还林成果专项资金	完善政策补助资金	新一轮退耕还林补助资金	其他费用	总计
全国合计	552.14	367.83	0.61	8.38	1108.84	249.66	548.39	529.28	297.58	193.83	3856.54
西部合计	386.88	246.33	0.37	8.28	694.54	170.87	377.40	350.53	266.67	151.81	2653.66
内蒙古	28.62	18.86	0	0.09	41.54	10.88	19.61	50.32	11.84	13.19	194.95
广西	20.30	8.70	0.04	0.99	25.76	5.57	7.08	11.60	4.04	8.00	92.07
重庆	41.63	25.56	0.05	2.49	71.92	23.08	46.04	31.39	24.76	18.09	285.01
四川	105.26	21.51	0.05	1.99	134.48	31.71	113.99	63.72	18.35	31.73	522.79
贵州	41.07	41.11	0	0.49	68.50	8.05	40.35	24.67	70.74	13.14	308.12
云南	27.82	29.52	0.09	1.90	60.36	12.14	31.30	27.96	44.46	13.38	248.93
西藏	0.02	0.61	0	0	2.34	1.40	1.39	1.53	0.33	0.46	8.07
陕西	41.43	30.00	0.05	0.03	110.22	20.76	20.43	53.14	18.64	5.27	299.97
甘肃	38.43	33.60	0	0.01	82.12	24.74	57.88	38.91	39.99	25.42	341.09
青海	13.23	7.10	0.06	0.20	20.46	6.69	11.60	10.19	3.57	2.83	75.93
宁夏	12.70	7.78	0	0	28.44	14.07	8.63	14.81	3.26	7.02	96.72
新疆	16.37	21.98	0.03	0.09	48.40	11.78	19.10	22.29	26.69	13.28	180.01

注：资料来源于历年《中国林业统计年鉴》；数据为2000~2018年累计数，2019年起此数据不再更新；新疆含新疆生产建设兵团数据；因为四舍五入原因，表内分项数据加总不等于总计。

三、西部地区退耕还林还草还湿的典型案例

西部地区的退耕还林还草还湿项目在多个地方取得了显著成效，积累了一批典型案例。这些案例展示了西部地区退耕还林还草还湿项目在改善生态环境、提升生态服务功能和促进经济发展方面的综合效益，为全国其他地区提供了宝贵的经验，具有示范作用。

（一）四川凉山州退耕还林项目

四川凉山州地处横断山脉，生态环境脆弱，长期以来产生严重的水土流失和生态退化问题。在退耕还林项目中，凉山州通过种植松树、柏树等耐旱植物，持续恢复森林植被；对参与退耕的农户提供现金和粮食补偿，鼓励他们参与生态保护；修建水利设施，改善灌溉条件，支持生态农业发展。至 2020 年，凉山州国土绿化覆盖率达 80%，森林覆盖率达 49%。退耕还林和生态恢复还促进了当地居民增收与减贫。凉山州实施以核桃为重点的"1+X"林业生态产业建设，据统计，2019 年凉山全州林农人均从林业上获得收入 2239 元，为凉山州脱贫攻坚产业发展奠定了基础[①]。

（二）陕西黄土高原退耕还林还草项目

黄土高原面积大约为 64 万 km^2，是我国水土流失最严重的地区之一，长期的农耕和不合理的土地利用导致生态环境严重退化。黄土高原于 1999 年启动了退耕还林还草项目，大规模种植油松和刺槐等耐旱节水树种，植被覆盖率从 1999 年的 31.6% 提高到 2020 年的 67%，在 2000 年以后，黄土高原植被指数增长率就已经高于全国整体水平，实现了由黄变绿的历史性转变。根据《黄河流域水土保持公报》，截至 2020 年底，

---

① "四位一体"生态扶贫 凉山森林覆盖率达 49%，https://www.lsz.gov.cn/ztzl/rdzt/tpgjzt/tpyw/202010/t20201016_1734569.html。

黄土高原地区水土保持率为 63.4%。根据潼关水文站的观测记录，黄河中游 2001~2020 年的年平均输沙量降至 2.4 亿 t，已经达到 1000 多年前人类活动干扰破坏较弱时期的水平。

（三）青海省三江源地区退耕退牧还湿项目

青海省是中国湿地大省，三江源地区是长江、黄河和澜沧江的发源地，生态地位极其重要，但长期的过度放牧和不合理的土地利用导致湿地面积减少，生态环境恶化。2012~2021 年，青海累计投入各类湿地保护资金 11.9 亿元，除退耕退牧还草、封育保护、人工补水和退耕退牧生态补偿等措施外，青海在中国率先实施了湿地生态管护员制度。10 年内，青海修复退化湿地 22 万亩，完成退耕退牧还湿 44.25 万亩，其中绝大部分位于三江源地区[①]。三江源地区退耕退牧还湿显著促进了增收减贫工作，人均增收高于全省平均水平，达到 2.16 万元，带动近 18 万贫困民众脱贫[②]。

（四）云南省滇池流域退耕还湿项目

滇池流域是云南重要的水源地，但长期的围垦和农业活动导致湿地面积大幅减少，水质恶化。2008 年起，昆明市在滇池流域核心区 2920 km² 范围内开展 6 年禁养退耕还湿计划，完成退塘、退田 4.8 万亩，退房 233 万 m²，退人 3.2 万人，累计拆除沿湖防浪堤约 90 km，共建成以湿地为主的滇池环湖生态带 6.29 万亩，恢复水陆交错的湖滨生态结构[③]。

---

① 青海十年投入近 12 亿元保护湿地，https://m.mnr.gov.cn/dt/dfdt/202210/t20221017_2762011.html。

② 青海生态扶贫带动农牧民增收，http://gongyi.people.com.cn/n1/2021/0125/c151132-32010356.html。

③ 央视《焦点访谈》聚焦滇池之美，https://www.thepaper.cn/newsDetail_forward_24818119。

如今，经过 10 多年的生态修复工作，滇池湖滨已初步构建出一条平均宽度约 200 m 的闭合生态带，形成了一条以自然生态为主，结构完整、功能完善的湖滨生态绿色屏障，湖滨生态功能和生物多样性得到恢复。

四、西部地区退耕还林还草还湿的生态效益

（一）退耕区森林和草地面积增长

2000～2018 年，西部地区的退耕还林还草工作取得了显著成效（表 2-6）。数据显示，西部地区退耕地造林面积达到 749.38 万 hm^2，占据了同期全国退耕地造林总面积的 2/3。这一大规模的退耕地造林工作极大地改善了西部地区的生态环境，提升了森林覆盖率，为区域生态系统的稳定和可持续发展奠定了坚实的基础。在西部省份中，除西藏、青海、广西和宁夏因立地条件限制退耕地造林面积少于 40 万 hm^2 外，其余 8 个省份的退耕地造林面积均多于 50 万 hm^2。贵州和陕西退耕地造林面积均超过 100 万 hm^2，其中贵州以一省之力贡献了全国约 10%、西部地区约 15% 的退耕地造林面积。

表 2-6　西部地区退耕还林还草面积　（单位：万 hm^2）

地区	退耕地造林面积	退耕地种草面积
全国合计	1127.68	12.56
西部合计	749.38	10.64
内蒙古	53.20	0.79
广西	25.68	0
重庆	65.59	0.32
四川	92.24	0.69
贵州	113.03	0.02
云南	76.67	0.32
西藏	0.80	0

地区	退耕地造林面积	退耕地种草面积
陕西	103.56	5.29
甘肃	99.58	0.21
青海	17.67	1.43
宁夏	33.18	1.17
新疆	68.18	0.39

注：资料来源于历年《中国林业统计年鉴》；数据为 2000～2018 年累计数，2019 年起此类数据不再更新；新疆含新疆生产建设兵团数据；因为四舍五入原因，表内分项数据加总不等于总计。

与此同时，西部地区的退耕地种草工作也取得了显著进展。在同一时期内，西部地区共完成退耕地种草 10.64 万 hm^2，占同期全国退耕地种草总面积的 85%。其中陕西省退耕地造林面积高达 5.29 万 hm^2，占全国同期超过四成、占西部地区比重约一半。西部地区在全国退耕还林还草工作中的突出表现，不仅有效改善了当地的生态环境，还为全国生态建设积累了宝贵的经验，具有示范作用。

（二）退耕区生态服务能力改善

2000～2020 年，西部退耕区的生态服务功能得到了显著提升。西部退耕区在固碳减排方面的表现尤为突出，20 年内固碳量总计达到 16.94 亿 t，对我国乃至全球温室效应缓解产生了深远影响。在水源涵养功能方面，西部退耕区同样取得了显著成效，20 年内水源涵养功能量新增 155.56 亿 m^3，河流的径流量也趋于稳定，水资源的时空分布更加均衡。这不仅有效缓解了区域内长期存在的水资源短缺问题，显著提升了农业生产的稳定性和效率，也向我国中东部地区提供了坚实稳固的"亚洲水塔"，有效地保证了我国中东部地区的经济社会发展。西部退耕区植被恢复有效减少了土壤侵蚀，20 年间土壤保持功能量新增约 27.43 亿 t，特别是在黄土高原、甘肃河西走廊和四川盆地等容易发生水土流失的地区，

土壤侵蚀显著改善，黄河下游的产沙数量有效降低。西部地区退耕区形成了风沙防护带，20年间防风固沙功能量新增69.3亿t，有效减缓了科尔沁沙地、毛乌素沙地的沙漠化进程，显著降低了塔克拉玛干沙漠边缘和河西走廊等地的风沙天气发生频率，也从源头上控制了京津冀的风沙数量。最后，西部退耕还林还草还湿显著提升了洪水调蓄能力，尤其黄土高原地区持水能力提升，增强了流域的防洪抗灾能力。

第四节 生态保护红线

生态空间是指具有自然属性、以提供生态服务或生态产品为主体功能的国土空间，包括森林、草原、湿地、河流、湖泊、滩涂、岸线、海洋、荒地、荒漠、戈壁、冰川、高山冻原、无居民海岛等。为保障和维护国家生态安全的底线和生命线，必须在重点区域实施强制性措施，保护具有特殊重要生态功能的区域，生态保护红线通常包括具有重要水源涵养、生物多样性保护、土壤保持、防风固沙、海岸生态稳定等功能的生态功能重要区域，以及水土流失、土地沙化、石漠化、盐渍化等生态环境敏感脆弱区域。

一、全国生态保护红线概况[①]

2011年，《国务院关于加强环境保护重点工作的意见》明确要求："在重要生态功能区、陆地和海洋生态环境敏感区、脆弱区等区域划定生态

---

① 全国生态保护红线面积统计范围不包括港澳台地区。

红线。"2012 年 3 月,环境保护部组织召开全国生态保护红线划定技术研讨会,对全国生态保护红线划定工作进行了总体部署;同年 4~10 月,《全国生态保护红线划定技术指南(初稿)》编撰完成,初步制定了生态保护红线划定技术方法。在内蒙古、江西、广西、湖北 4 省份多年试点以及论证的基础上,环境保护部于 2015 年正式印发《生态保护红线划定技术指南》,用于指导全国生态保护红线划定工作。

2018 年底,15 个省份生态保护红线已划定完成,其余 16 个省份的生态保护红线划定方案处于审批中。2022 年,为巩固生态保护红线制度,《中华人民共和国生物安全法》《中华人民共和国森林法》《中华人民共和国野生动物保护法》《中华人民共和国湿地保护法》等 20 多部法律法规被针对性制定和修订。2023 年自然资源部宣布完成全国生态保护红线划定,发布《中国生态保护红线蓝皮书(2023 年)》,确定全国划定生态保护红线面积约 319 万 km^2,其中陆域生态保护红线面积约 304 万 km^2,占我国陆域国土面积比例超过 30%。生态保护红线区涵盖我国全部 35 个生物多样性保护优先区域、90% 以上的典型生态系统类型。

二、西部地区生态保护极重要区域

西部地区横跨我国全部 3 个生态大区(青藏高原高寒生态大区、西部干旱半干旱生态大区、东部湿润半湿润生态大区),以及全部 35 个生态地理区中的 29 个。西部生态地理区总面积为 672.22 万 km^2,其中生态保护极重要区域面积为 240.33 万 km^2,占比达 35.75%。西部地区各类生态地理区生态保护极重要区域面积及占比如表 2-7 所示。

(一)青藏高原高寒生态大区

青藏高原高寒生态大区包含 7 个生态地理区,总面积为 254.45 万 km^2。

表 2-7 西部地区各生态大区、生态地理区内生态保护极重要区域面积

生态大区	生态地理区	区域面积 / 万 km²	极重要区域面积 / 万 km²	极重要区域面积占生态地理区面积的比例 /%
青藏高原高寒生态大区	柴达木盆地荒漠生态地理区	30.00	7.30	24.33
	昆仑山荒漠生态地理区	30.34	6.75	22.26
	祁连山针叶林高寒草甸生态地理区	8.74	3.98	45.53
	羌塘高原高寒草原生态地理区	73.96	15.39	20.81
	青藏高原东部森林高寒草甸生态地理区	39.79	23.90	60.07
	青藏三江源高寒草原草甸生态地理区	45.88	18.94	41.29
	喜马拉雅山地森林灌丛草原生态地理区	25.74	10.69	41.51
	小计	254.45	86.95	34.17
西部干旱半干旱生态大区	阿尔泰山山地草原针叶林生态地理区	3.29	2.70	82.17
	阿拉善高原温带半荒漠生态地理区	42.49	5.79	13.63
	鄂尔多斯高原荒漠草原生态地理区	22.58	5.41	23.95
	黄土高原森林草原生态地理区	20.25	8.12	40.07
	内蒙古半干旱草原生态地理区	50.33	23.91	47.51
	塔里木盆地暖温带荒漠生态地理区	75.33	2.46	3.27
	天山山地草原针叶林生态地理区	28.03	14.45	51.56
	准噶尔盆地温带荒漠生态地理区	29.43	7.27	24.40
	小计	271.74	70.11	25.80
东部湿润半湿润生态大区	长江南岸丘陵盆地常绿阔叶林生态地理区	1.57	1.04	66.54
	大小兴安岭针阔混交林生态地理区	12.71	5.06	39.81
	大兴安岭北部落叶针叶林生态地理区	8.02	7.16	89.27
	滇南热带季雨林生态地理区	8.96	5.19	57.94
	岭南丘陵常绿阔叶林生态地理区	8.84	3.87	43.79
	吕梁太行山落叶阔叶林生态地理区	0.01	0.01	76.07
	南横断山针叶林生态地理区	22.71	17.56	77.32
	黔桂喀斯特常绿阔叶林生态地理区	26.77	15.16	56.64
	秦岭大巴山混交林生态地理区	14.40	9.79	67.99
	琼雷热带雨林季雨林生态地理区	1.28	0.79	61.88
	四川盆地常绿阔叶林生态地理区	14.23	3.91	27.48
	武陵山地常绿阔叶林生态地理区	6.38	3.75	58.82

生态大区	生态地理区	区域面积/万 km²	极重要区域面积/万 km²	极重要区域面积占生态地理区面积的比例/%
东部湿润半湿润生态大区	燕山坝上温带针阔混交林草原生态地理区	0.27	0.02	5.57
	云贵高原常绿阔叶林生态地理区	19.88	9.95	50.06
	小计	146.03	83.26	57.02
合计	—	672.22	240.33	35.75

注：资料来源于第四次全国生态状况调查评估；区域面积和极重要区域面积数据仅考虑落在西部12省份内的部分；因为四舍五入原因，表内分项数据加总不等于总计；占比数据由原始数据计算而来，并不是根据表中四舍五入数据计算所得。

青藏高原高寒生态大区生态保护极重要区域面积为 86.95 万 km²，占生态大区总面积的 34.17%。青藏高原高寒生态大区生态保护极重要区域主要位于青藏高原东部森林高寒草甸生态地理区（23.90 万 km²）、青藏三江源高寒草原草甸生态地理区（18.94 万 km²）和羌塘高原高寒草原生态地理区（15.39 万 km²）。这 3 个生态地理区生态保护极重要区域面积合计 58.23 万 km²，占青藏高原高寒生态大区全部生态保护极重要区域面积的 2/3。

（二）西部干旱半干旱生态大区

西部干旱半干旱生态大区包含 8 个生态地理区，总面积为 271.74 万 km²，其中生态保护极重要区域为 70.11 万 km²，占比达到 25.80%。内蒙古半干旱草原生态地理区是该生态大区生态保护极重要区域最集中的区域，生态保护极重要区域面积高达 23.91 万 km²，占西部干旱半干旱生态大区生态保护极重要区域面积的 34.10%。

（三）东部湿润半湿润生态大区

东部湿润半湿润生态大区有 14 个生态地理区，合计有约 146.03 万 km²

位于西部地区，其中生态保护极重要区域面积为 83.26 万 km²，占比达到 57.02%。这些生态地理区中大部分触及西部地区的边缘地带，生态保护极重要区域面积较小。相较之下，黔桂喀斯特常绿阔叶林生态地理区、南横断山针叶林生态地理区完全分布在西部地区，区域面积均超过 22 万 km²，其中生态保护极重要区域均超过 15 万 km²。

三、西部地区生态保护红线

根据各省份生态保护红线面积划定方案及 2024 年前后国务院批复的各省份国土空间规划方案，截至 2024 年，西部地区生态保护红线总面积为 248.78 万 km²，占西部地区总面积的 37.01%（图 2-1）。

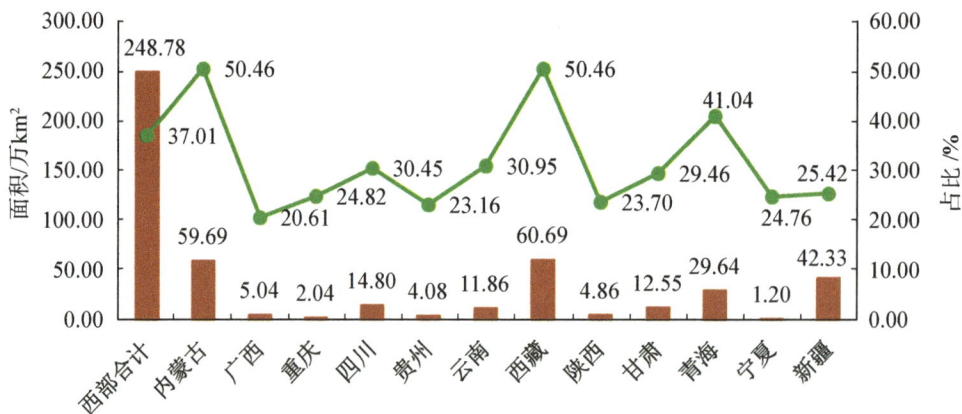

图 2-1　2024 年西部地区生态保护红线面积及占区域面积比重
资料来源：各省份生态保护红线面积划定方案及 2024 年前后国务院批复的各省份国土空间规划方案。

（一）内蒙古生态保护红线

2021 年 7 月，内蒙古自治区自然资源厅划定生态保护红线为59.69 万 km²（图 2-1），占全区总面积的 50.46％，是构建生态安全屏障的核心区域。其中，内蒙古划定的自然保护区面积已由过去的 12 万 km²

增加到 2021 年的 14.3 万 km²，均已纳入生态保护红线范围。

（二）广西生态保护红线

2023 年末，国务院关于《广西壮族自治区国土空间规划（2021—2035 年)》的批复中明确要求，广西壮族自治区的生态保护红线面积不低于 5.04 万 km²，其中海洋生态保护红线面积不低于 0.17 万 km²，占所管辖海域面积的 24.29%；陆地生态保护红线面积不低于 4.87 万 km²，占广西陆地总面积的 20.50%。

（三）重庆生态保护红线

重庆市人民政府于 2018 年 7 月印发《重庆市生态保护红线》，正式确定全市的"四屏三带多点"生态保护红线管控空间格局，合计划定生态保护红线管控面积 2.04 万 km²，占全市总面积的 24.82%。

（四）四川生态保护红线

四川省人民政府于 2018 年 7 月正式印发《四川省生态保护红线方案》，划定生态保护红线面积 14.80 万 km²，占全省总面积的 30.45%，覆盖了全省 90% 的陆地生态系统类型、95% 的重点保护野生动植物物种以及约 50% 的自然湿地面积。

（五）贵州生态保护红线

2023 年国务院关于《贵州省国土空间规划（2021—2035 年)》的批复明确贵州省生态保护红线面积不低于 4.08 万 km²。贵州在"四山八水两屏"主要区域划定生态保护红线面积 3.16 万 km²，筑牢了长江、珠江上游生态安全屏障。

（六）云南生态保护红线

2018 年 6 月，云南省人民政府印发《云南省生态保护红线》，明确了"三屏两带"的生态保护红线格局，划定的生态保护红线面积为 11.84 万 km^2，2021 年微调为 11.86 万 km^2，占全省总面积的 30.95%。2024 年云南省要求"生态保护红线面积不低于全省总面积的 30%、重点保护野生动植物物种种数保护率达到 90% 以上"。

（七）西藏生态保护红线

2021 年西藏自治区十一届人大四次会议宣布，西藏生态保护红线面积达 53.9 万 km^2，占全区总面积的 45%，建成各类生态功能保护区 22 个；严控 56 个重点河段水域采砂行为。2024 年，国务院关于《西藏自治区国土空间规划（2021—2035 年）》的批复明确，将生态保护红线面积调整为不低于 60.69 万 km^2，占全区总面积的 50% 以上。

（八）陕西生态保护红线

2024 年，国务院关于《陕西省国土空间规划（2021—2035 年）》的批复明确，陕西省生态保护红线面积不低于 4.86 万 km^2，占全省总面积的 23.70%。其中，陕西秦岭区域生态保护红线面积为 2.66 万 km^2，占陕西秦岭区域总面积的 45.24%，占陕西生态保护红线总面积的 54.73%。

（九）甘肃生态保护红线

2023 年，经过超过 6 年的试点和生态保护红线方案改进，甘肃省生态保护红线最终划定面积为 1254.51 万 hm^2（折合 12.55 万 km^2），占甘肃省总面积的 29.46%，主要分布在以水源涵养和生物多样性保护功能为主的祁连山、甘南山地、陇南山地地区，以防风固沙功能为主的河西走廊北侧地区，以及以土壤保持与防风固沙功能为主的陇中黄土高原低山丘陵沟壑区、腾格里沙漠和巴丹吉林沙漠边缘地区。

（十）青海生态保护红线

2023 年，国务院批复的《青海省国土空间规划（2021—2035 年）》明确了青海省生态保护红线：以青藏高原生态屏障区的三江源草原草甸湿地国家重点生态功能区、祁连山冰川与水源涵养国家重点生态功能区为重点，将整合优化后的自然保护地，生态功能极重要、生态极脆弱区域，以及目前基本没有人类活动、具有潜在重要生态价值的生态空间划入生态保护红线。青海省共划定生态保护红线面积 29.64 万 km²，主要分布在三江源和祁连山地区、柴达木盆地和环青海湖地区，少量分布在河湟谷地，生态保护红线中各类自然保护地占 90.25%。

（十一）宁夏生态保护红线

宁夏生态保护红线在空间上呈现出"三屏一带五区"的分布格局，2023 年国务院批复同意《宁夏回族自治区国土空间规划（2021—2035 年)》，要求宁夏生态保护红线面积不低于 1.2 万 km²。

（十二）新疆生态保护红线

2024 年，国务院批复同意《新疆维吾尔自治区国土空间规划（2021—2035 年)》，明确新疆生态保护红线面积不低于 42.33 万 km²，占全区总面积的 25.42% 以上。

第五节　自然保护地体系

　　我国自然保护地体系以国家公园为主体、自然保护区为基础、各类自然公园为补充。其中，国家公园是由国家批准设立并主导管理，以保护具有国家代表性的自然生态系统为主要目的，实现自然资源科学保护和合理利用的特定陆地或海洋区域。国家公园边界清晰，保护范围大，生态过程完整，具有全球价值、国家象征，国民认同度高。自然保护区是对典型的自然生态系统、天然集中分布的珍稀濒危野生动植物物种、有特殊意义的自然遗迹等保护对象所在区域，依法划出一定面积予以特殊保护和管理的区域，具有较大面积，确保主要保护对象安全，维持和恢复珍稀濒危野生动植物种群数量及赖以生存的栖息环境。自然公园是指保护重要的自然生态系统、自然遗迹和自然景观，具有生态、观赏、文化和科学价值，并进行可持续利用的区域，确保森林、海洋、湿地、水域、冰川、草原、生物等珍贵自然资源，以及所承载的景观、地质地貌和文化多样性得到有效保护。各类风景名胜区、森林公园、地质公园、海洋公园、湿地公园、草原公园、沙漠公园等都是自然公园。

一、我国自然保护地体系发展历程

（一）以国家公园为主体的自然保护地体系制度发展历程

　　2013 年 11 月，党的十八届三中全会在"加快生态文明制度建设"中首次提出"建立国家公园体制"。2015 年上半年，国家发展和改革委员会、国家林业局、财政部等 13 部门联合印发《建立国家公园体制试点方案》，确定在青海、云南、湖南、湖北等 9 省市开展国家公园体制试点。

2017 年 9 月，中共中央办公厅、国务院办公厅出台《建立国家公园体制总体方案》，首次提出国家公园建设总体框架，明确国家公园作为我国自然保护地重要类型，且要求国家公园建立后整合该国家公园空间范围内的其他类型自然保护地。同年 10 月，"国家公园体制试点积极推进"被写入党的十九大报告，报告同时明确提出"建立以国家公园为主体的自然保护地体系"。

2018 年 3 月，党中央印发《深化党和国家机构改革方案》，组建国家林业和草原局，并加挂国家公园管理局牌子，使之成为我国各类自然保护地的统一管理机构。2019 年 6 月，中共中央办公厅、国务院办公厅印发《关于建立以国家公园为主体的自然保护地体系的指导意见》，初步完成我国国家公园体制建设的顶层设计。同年 10 月，我国在第一届中国自然保护国际论坛宣布，我国已建立各级各类自然保护地，包括国家公园、自然保护区、自然公园。

2022 年末，国家林业和草原局、财政部、自然资源部、生态环境部联合印发《国家公园空间布局方案》，确定中国国家公园建设的发展目标、空间布局、创建设立、主要任务和实施保障等内容。作为里程碑式的文件，该方案指导了我国 10 余年的国家公园建设与保护实践工作。方案计划到 2025 年，基本建立统一规范高效的管理体制；到 2035 年，基本完成国家公园空间布局建设任务，基本建成全世界最大的国家公园体系。

（二）自然保护地体系现状

截至 2021 年前后，我国自然保护地已超过 1.18 万处，占国土陆域面积的 18% 以上、领海面积的 4.6% 以上。我国已试点国家公园 10 个，保护面积达到 22 万 km^2，占国土面积的 2.3%，其中三江源、大熊猫、东北虎豹、海南热带雨林、武夷山首批 5 个国家公园正式设立。我国自然保护区保有 3500 万 hm^2 天然林、2000 万 hm^2 天然湿地，保护了 90.5% 的陆地生态系统类型、85% 的野生动物和 65% 的高等植物群落。我国已建立国家级风景名胜区 244 处、国家森林公园 897 处、国家地质公园 270 处、国家海洋公园 48 处、国家湿地公园 898 处[①]。

《国家公园空间布局方案》将我国自然生态系统最重要、自然景观最独特、自然遗产最精华、生物多样性最富集的区域纳入国家公园体系，体现国家公园在自然保护地体系的中坚地位。在首批 10 个国家公园试点的基础上，该方案总计遴选出 49 个国家公园候选区，其中陆域 44 个、海域 3 个、陆海统筹 2 个，总面积约 110 万 km^2，涉及 28 个省份。全部建成后，中国将形成全球面积最大的国家公园保护体系。该方案覆盖了森林、草原、荒漠、湿地等多种自然生态系统，包含了生物多样性、自然景观、自然遗产等最富集区域，合计涉及现有 700 多个自然保护地、10 项世界自然遗产、2 项世界文化和自然双遗产、19 处世界人与生物圈保护区。该方案规划区分布着 2.9 万余种高等植物和 5000 多种野生脊椎动物，国家重点保护野生动植物物种及其栖息地保护率超过 80%，国际候鸟迁徙、兽类跨境迁徙、鲸豚类洄游关键区域也得到了有效覆盖。

二、西部地区国家公园候选区

2022 年底印发的《国家公园空间布局方案》除第一批试点国家公园外，遴选了另外 39 处国家公园候选区，作为未来国家公园建设和保护的重点地区。其中，青藏高原布局 13 个候选区，形成青藏高原国家公园

---

① 参见《我国已建自然保护地 1.18 万处》，https://www.gov.cn/xinwen/2019-10/31/content_5446948.htm。我国 2019 年后不再新设除国家公园外的其他自然保护地，仅有的数据更新是 2021 年设立 5 个国家公园。

群，总面积约 77 万 km^2，占国家公园候选区总面积的 70%，是最大的国家公园候选区集中地。在全国自然保护地体系规划研究等基础上，综合考虑我国自然生态地理格局和生态功能格局，突出青藏高原、长江流域、黄河流域重点生态区位和生物多样性、典型景观分布，以国家代表性、生态重要性、管理可行性为统一尺度，充分衔接国家重大战略和重大生态工程。由于此件未公开，我们采用国家公园研究院院长唐小平领衔的《中国国家公园空间布局研究》一文（刊载于《国家公园（中英文），2023 年第 1 期》）论述西部地区国家公园候选区的情况。该文献系统分析规划了我国 52 处国家公园候选区，总面积约 111 万 km^2，与《国家公园空间布局方案》有较好的吻合度。

在 52 处国家公园候选区中，28 处位于西部地区，占比超过一半（表 2-8）。其中，西藏涉及的候选区最多，达到 6 个；陕西涉及的候选区最少，仅有 1 个。较多的国家公园候选区呈现跨省份的特征，28 个候选区中超过 1/4 涉及两个及以上的省份；11 个省份中，仅有陕西和新疆 2 省份的国家公园候选区由各自省份独占。西部地区 28 个国家公园候选区生态系统涵盖各类草原、沙漠、针叶林、阔叶林、雨林，生态系统多样性复杂。

三、西部地区国家公园试点

在首批 10 个国家公园试点中，西部地区有 4 个国家公园入选（表 2-9），分别是三江源国家公园、普达措国家公园、大熊猫国家公园和祁连山国家公园，分布在青海、西藏、云南、四川、陕西、甘肃等 6 个省份，总面积为 201 073 km^2，占首批国家公园总面积的九成。西部地区首批国家公园试点覆盖了高寒草原、高寒荒漠、亚热带山地针叶林、亚热带针叶林、亚热带常绿阔叶林、温带荒漠草原等多种生

表 2-8 西部地区国家公园候选区

国家公园候选区（所涉及省份）	生态地理区
大兴安岭（黑龙江、内蒙古）	大兴安岭北部落叶针叶林
呼伦贝尔（内蒙古）	内蒙古半干旱草原
大青山（内蒙古）	鄂尔多斯高原荒漠草原
三江源（青海、西藏）	青海三江源高寒草原草甸
秦岭（陕西）	秦岭大巴山混交林
贺兰山（宁夏、内蒙古）	鄂尔多斯高原荒漠草原
六盘山（宁夏、甘肃）	黄土高原森林草原
巴丹吉林（内蒙古）	阿拉善高原温带半荒漠
阿尔泰山（新疆）	阿尔泰山山地草原针叶林
天山（新疆）	天山山地草原针叶林
塔里木（新疆）	塔里木盆地暖温带荒漠
昆仑山（新疆）	昆仑山荒漠
青海湖（青海）	柴达木盆地荒漠
祁连山（甘肃、青海）	祁连山针叶林高寒草甸
卡拉麦里（新疆）	准噶尔盆地温带荒漠
香格里拉（云南）、高黎贡山（云南、西藏）	南横断山针叶林
哀牢山（云南）	云贵高原常绿阔叶林
梵净山（贵州）	武陵山地常绿阔叶林
西南岩溶（广西、贵州）	黔桂喀斯特常绿阔叶林
亚洲象（云南）	滇南热带季雨林
雅鲁藏布大峡谷（西藏）	喜马拉雅山地森林灌丛草原生态地理区
大熊猫（四川、甘肃、陕西）、贡嘎山（四川）、若尔盖（四川、甘肃）	青藏高原东部森林高寒草甸
珠穆朗玛峰（西藏）	喜马拉雅山地森林灌丛草原
羌塘（西藏）、冈仁波齐（西藏）	羌塘高原高寒草原

资料来源：唐小平等（2023）。

态系统类型，是雪豹、藏羚羊、黑颈鹤、大熊猫等国家重点野生保护动物的核心栖息地。

表 2-9　西部地区入选的首批国家公园试点

名称	启动年月	面积 /km^2	典型生态系统	代表性物种
三江源	2015 年 12 月	123 100	高寒草原、高寒荒漠	雪豹、藏羚羊
普达措	2016 年 10 月	602	亚热带山地针叶林	黑颈鹤
大熊猫	2016 年 12 月	27 134	亚热带针叶林、亚热带常绿阔叶林	大熊猫
祁连山	2017 年 6 月	50 237	温带荒漠草原	雪豹

资料来源：唐小平等（2023）。

西部地区首批 4 个国家公园试点的主要良好经验与举措如下。

（一）三江源国家公园

三江源国家公园地处青藏高原，位于青海省西南部，面积为 12.31 万 km^2。2015 年启动三江源国家公园试点，验收后，三江源国家公园于 2021 年正式设立。试点的经验和举措包括以下几个方面。

（1）建立集中统一的管理体制。设立生态环境和自然资源管理局，整合环境保护、国土资源、林业资源、水资源等相关管理机构。组建资源环境执法局，整合森林公安、环境执法、国土执法、渔政执法、草原监理等机构职能。在各乡镇和园区管委会设立生态保护站，林业站、草原站、湿地保护、水土保持等事业单位整合为一。

（2）建立牧民共建共享机制。实施五个一批扶贫模式，即"一户一岗"吸纳一批、培训技能转岗吸纳一批、特许经营吸纳一批、工程建设吸纳一批、传统产业升级吸纳一批，明显改善广大农牧民的生产生活条件。

（3）积极传播习近平生态文明思想和国家公园理念。青海省利用第一届国家公园论坛、各年度《三江源国家公园公报》、外交部全球推介会、国务院新闻办公室新闻发布会、首都博物馆《山宗·水源·路之中——"一带一路"中的青海》展览等各类平台和载体，让美丽三江源的绿色名片走向世界。

（二）普达措国家公园

普达措国家公园位于横断山脉、青藏高原东缘的云南省迪庆藏族自治州香格里拉市境内，试点面积为 602.1 km²，2016 年启动国家公园试点，试点验收后，其名称改为香格里拉国家公园试点区。试点的经验和举措包括以下几个方面。

（1）将藏传佛教与"神山圣水崇拜"等传统生态理念有机融入生态保护，形成了独特的国家公园生态管理方式。邀请活佛、高僧在民族传统节日、宗教节日宣讲"天人合一、崇尚自然"的生态伦理道德；同时，邀请活佛利用宗教仪式推进资源利用过度区域的封山禁猎。通过聘请藏族民间绘画师制作保护宣传画等手段，有效进行入户宣传，利用"村规民约"限制木材采伐。利用各种活动将藏族传统生态智慧以及文化符号展现给访客，潜移默化影响访客行为，使他们入乡随俗。

（2）在严格保护的前提下，探索国家公园社区可持续发展机制，实现了生态保护和社会经济发展的协同推进。利用社区特许经营、资金与土地入股、安置就业和教育资助等多重手段，依托优质生态环境和绝佳景观资源，适度开展生态游憩等活动，以资源利用的收入反哺生态保护与社区发展，实现了通过较小范围的资源非消耗性利用促进大范围生态保护的效果。

（3）充分挖掘藏族传统生态智慧的民间传说作为解说素材，将其有机融入自然环境教育，为构建具有中国特色的国家生态教育功能体系做出了有益探索。试点过程中，创造性塑造了"生态——山水林田湖草沙生命共同体""生产——畜牧、游憩、教育可持续发展""生活——人与自然和谐相处"三大生态教育主题。

（三）大熊猫国家公园

根据国家公园研究院提供的数据，大熊猫国家公园跨越三省，试点面积为 2.71 万 km²，其中四川片区面积为 2.02 万 km²，陕西片区面积为 0.44 万 km²，甘肃片区面积为 0.25 万 km²。2016 年启动大熊猫国家公园试点，试点验收后，大熊猫国家公园于 2021 年正式设立。试点的经验和举措包括以下几个方面。

（1）以绵阳管理分局老河沟作为试点，探索建立社会公益型保护小区。引入非政府组织等社会力量提供资金和技术，激发当地社区居民广泛参与国家公园生态保护，更好地进行保护小区的具体管理。国家公园管理机构与地方政府建立日常、重点和转向三级监管的体系，确保自然保护小区按照国家公园管理的规定实施有效管理。

（2）创建司法协作机制，组建了大熊猫国家公园专门法庭，专司破坏大熊猫国家公园自然资源和生态环境的案件。建立了行政执法与刑事司法衔接机制、民事司法保护协作机制等，解决了跨区执法标准不统一的问题，提高了案件审判的专业化水平。

（3）与世界自然基金会合作，强化大熊猫国家公园品牌增值体系建设，发布农产品"大熊猫友好型认证标准"。在试点期间，平武县的南五味子中草药成为全球首个通过该标准认证的产品，认证后成功销往美国并获得了良好的溢价收益。

（四）祁连山国家公园

根据国家公园研究院提供的数据，祁连山国家公园试点区横跨两省，面积为 5.02 万 km²，其中甘肃片区为 3.44 万 km²，青海片区为

1.58 万 km^2。2017 年启动国家公园试点，试点的经验和举措包括以下几个方面。

（1）按"共性问题统一尺度、个性问题一矿一策"的思路，采取注销式、扣除式、补偿式三种退出方式，创新性开展矿权退出机制。其中，对矿权人自愿放弃申请注销的或者对矿业权年限已满未办理延续的，采取注销式退出；对扣除与保护区重叠区域后剩余面积大于 1 km^2 的矿业权，或剩余面积保有资源储量满足最低生产规模的，采取扣除式退出；其他矿业权采取补偿式退出。

（2）探索了生态保护与民生改善协调发展新模式。采取设置公益岗位、开展技能培训、扶持增收项目、实施搬迁补助等多种方式，不仅提高了自然资源的保护效率，同时增加了居民收入。

（3）推进生态产品价值实现，开展黑河流域上下游横向生态保护补偿试点。在签署协议规定的补偿方式和标准基础上，甘肃省财政厅和生态环境厅对符合考核要求的县（区）进行额外奖励。

四、西部地区其他自然保护地

除国家公园外，西部地区拥有众多国家级自然保护区、国家级自然公园、国家级风景名胜区和世界遗产，如保护着高寒生态区的青海可可西里国家级自然保护区、位于世界屋脊独特生态区的西藏珠穆朗玛峰国家级自然保护区、作为我国最完整的热带雨林综合保护区的西双版纳国家级自然保护区、以典型的喀斯特峰丛漏斗和峰丛洼地地貌为特征的贵州茂兰国家级自然保护区、拥有世界自然遗产等多项美誉的九寨沟国家级自然保护区等。这些自然保护地具有独特的生态、美学和旅游价值。由于这些自然保护地已被众多既有文献介绍，且我国未来自然保护地体系以国家公园为主体，本书在此不进行赘述。

第六节　重要生态系统保护和修复重大工程 [①]

"实施重要生态系统保护和修复重大工程，优化生态安全屏障体系"是落实党的十九大报告的重要改革举措，也是中央全面深化改革委员会 2019 年工作要点，2019 年《政府工作报告》明确提出要"加强生态系统保护修复"。为贯彻落实党中央、国务院决策部署，国家发展和改革委员会、自然资源部会同科技部、财政部等 8 部门，于 2020 年共同研究编制了《全国重要生态系统保护和修复重大工程总体规划（2021—2035 年）》（简称"双重"规划），指导我国重要生态系统保护和修复重大工程的规划和实施工作。

我国重要生态系统保护和修复重大工程主要围绕"两屏三带"及大江大河重要水系来展开，共涉及 7 个重点区域，其中青藏高原生态屏障区、黄河重点生态区（含黄土高原生态屏障）、长江重点生态区（含川滇生态屏障）、北方防沙带 4 个重点区域重点面向西部地区；东北森林带、南方丘陵山地带、海岸带 3 个重点区域涉及内蒙古和广西。我国重要生态系统保护和修复重大工程规划了到 2035 年推进森林、草原、荒漠、河流、湖泊、湿地、海洋等各类自然生态系统保护和修复工作的主要目标，以及统筹山水林田湖草沙冰一体化保护和修复的总体布局、重点任务、重大工程和政策举措。

[①] 本节所提及的国家生态功能区名称参照《全国重要生态系统保护和修复重大工程总体规划（2021—2035 年）》，与本章第二节所采用的 2022 年印发的《全国国土空间规划纲要（2021—2035 年）》中的全国重点生态功能区有所区别。

一、青藏高原生态屏障区生态保护和修复重大工程

青藏高原生态屏障区的生态保护修复，涉及我国西部西藏、青海、四川、云南、甘肃、新疆6个省份，面向三江源草原草甸湿地、若尔盖草原湿地、甘南黄河重要水源补给、祁连山冰川与水源涵养、阿尔金草原荒漠化防治、藏西北羌塘高原荒漠、藏东南高原边缘森林7个国家重点生态功能区。青藏高原生态屏障区以推动高寒生态系统自然恢复为导向，对草原、河湖、湿地、冰川、荒漠等各类生态系统进行全面保护，加快建立健全以国家公园为主体的自然保护地体系，进一步突出对原生地带性植被、特有珍稀物种及其栖息地的保护，提升沙化土地封禁保护力度，科学开展天然林草恢复、退化土地治理、矿山生态修复和人工草场建设等人工辅助措施，促进区域野生动植物种群恢复和生物多样性保护，提升高原生态系统结构完整性和功能稳定性。涉及西部地区重点保护修复措施包括：三江源生态保护和修复、祁连山生态保护和修复、若尔盖草原湿地—甘南黄河重要水源补给生态保护和修复、藏西北羌塘高原—阿尔金草原荒漠生态保护和修复、藏东南高原生态保护和修复、西藏"两江四河"造林绿化与综合整治、青藏高原矿山生态修复。

二、黄河重点生态区（含黄土高原生态屏障）生态保护和修复重大工程

黄河重点生态区生态保护和修复重大工程从东到西横跨8个省份，其中西部地区主要涉及青海、甘肃、宁夏、内蒙古、陕西5个省份，包括黄土高原丘陵沟壑水土保持国家重点生态功能区。生态保护修复遵循"共同抓好大保护，协同推进大治理"，重点增强黄河流域生态系统稳定性，其中处于西部地区的黄河上游提升水源涵养能力、中游主抓水土保

持。立足黄土高原丘陵沟壑水土保持国家重点生态功能区，以小流域为单元综合治理水土流失，开展多沙粗沙区为重点的水土保持和土地整治。生态保护修复充分考虑水文条件，宜林则林、宜灌则灌、宜草则草、宜荒则荒，科学开展林草植被保护和建设。提高植被覆盖率，加快退化、沙化、盐碱化草场治理，强矿区综合治理和生态修复，使区域内水土流失状况得到有效控制，完善自然保护地体系建设并保护区域内生物多样性。涉及西部地区重点保护修复措施包括：黄土高原水土流失综合治理、秦岭生态保护和修复、贺兰山生态保护和修复、黄河重点生态区矿山生态修复。

三、长江重点生态区（含川滇生态屏障）生态保护和修复重大工程

长江重点生态区生态保护和修复涉及长江流域 11 个省份，其中涉及西部地区（包括四川、云南、贵州、重庆）的 4 个省份，含川滇森林及生物多样性、桂黔滇喀斯特石漠化防治、秦巴山区生物多样性、三峡库区水土保持、大别山水土保持 5 个国家重点生态功能区以及洞庭湖和鄱阳湖等重要湿地。生态保护和修复过程中严格遵循"共抓大保护、不搞大开发"的理念，以推动亚热带森林、河湖、湿地生态系统的综合整治和自然恢复为导向，加强森林、河湖、湿地生态系统保护。继续实施天然林保护、退耕退牧还林还草、退田（圩）还湖还湿、矿山生态修复、土地综合整治，大力开展森林质量精准提升、河湖和湿地修复、石漠化综合治理等，切实加强大熊猫、江豚等珍稀濒危野生动植物及其栖息地保护修复。进一步增强区域水源涵养、土壤保持等生态功能，逐步提升河湖、湿地生态系统稳定性和生态服务功能，加快打造长江绿色生态廊道。涉及西部地区重点保护修复措施包括：横断山区水源涵养与生物多样性保护、长江上中游岩溶地区石漠化综合治理、大巴山区生物多样性保护

与生态修复、三峡库区生态综合治理、武陵山区生物多样性保护、长江重点生态区矿山生态修复等。

四、北方防沙带生态保护和修复重大工程

北方防沙带生态保护和修复重大工程面向我国"三北"地区 9 个省份，其中西部地区涉及内蒙古、甘肃、新疆 3 个省份，是"两屏三带"中的北方防沙带，包含阿尔泰山山地森林草原、塔里木河荒漠化防治、呼伦贝尔草原草甸、科尔沁草原、浑善达克沙漠化防治、阴山北麓草原 6 个国家重点生态功能区。北方防沙带生态保护和修复以推动森林、草原和荒漠生态系统的综合整治和自然恢复为导向，全面保护森林、草原、荒漠、河湖、湿地等生态系统，持续推进防护林体系建设、退化草原修复、水土流失综合治理、京津风沙源治理、退耕还林还草，深入开展河湖修复、湿地恢复、矿山生态修复、土地综合整治、地下水超采综合治理等。进一步增加林草植被盖度，增强防风固沙、水土保持、生物多样性保护等功能，提高自然生态系统质量和稳定性，筑牢我国北方生态安全屏障。涉及西部地区重点保护修复措施包括：内蒙古高原生态保护和修复、河西走廊生态保护和修复、塔里木河流域生态修复、天山和阿尔泰山山地森林草原保护、"三北"地区矿山生态修复等。

五、东北森林带生态保护和修复重大工程

东北森林带生态保护和修复重大工程面向我国东北部 4 个省份，其中涉及我国西部的地区主要集中在大小兴安岭森林国家重点生态功能区的内蒙古片区及其周边区域。重点保护修复措施主要围绕大兴安岭森林生态保育进行。全面加强天然林保护和公益林管护，通过封山育林、人

工造林、退耕还林还草和土地综合整治等措施，加强后备资源培育，扩大森林面积。加强森林抚育和退化林修复，提高森林质量，提升国家战略木材储备规模。加强湿地、河湖生态保护，实施水土流失综合治理。

六、南方丘陵山地带生态保护和修复重大工程

南方丘陵山地带生态保护和修复重大工程主要面向江南武夷山和南岭地区的 5 个省份，其中西部地区主要涉及南岭山地森林及生物多样性保护（广西地区，占比较小）以及广西岩溶地区石漠化综合治理。针对后者重点面向石漠化严重县，因地制宜采取封山育林育草、人工造林（种草）、退耕还林还草、草原改良、土地综合整治等多种措施，着力加强林草植被保护修复，推进水土资源合理利用。

七、海岸带生态保护和修复重大工程

海岸带生态保护和修复工程主要面向我国沿海 11 个省份近岸近海区的 12 个重点海洋生态区，其中西部地区涉及广西管辖区内的北部湾滨海湿地生态系统保护和修复，重点开展北海、防城港等地海草床保护和修复，建设海岸防护林，推进互花米草防治，协同恢复北部湾典型滨海湿地生态系统结构和功能。

八、山水林田湖草沙一体化保护和修复工程

山水林田湖草沙一体化保护和修复是贯穿全国 7 个生态保护和修复重大工程的核心举措与原则之一。2016～2018 年，在各地自主申报的基础上，我国已分 3 批开展了 25 个山水林田湖草沙保护和修复试点工

程（亦称"山水工程"）。在试点工程完成的基础上，2021年，我国正式部署首批10个山水工程，随后又陆续分2批部署17个山水工程。截至2024年中，我国6批次52个山水工程已累计投入资金约3000亿元，完成生态系统修复面积约1亿亩（折合约6.67万km²）。2023年，我国山水工程被列入联合国首批十大"世界生态恢复旗舰项目"。

据不完全统计，我国西部地区累计试点或者正式部署22个山水工程，占全国总数超过四成。如表2-10所示，西部地区这22个山水工程大多分布在前文所述的除海岸带外的6个重大生态保护和修复工程区域内，四川广安华蓥山区、重庆长江上游生态屏障、云南洱海流域这3个不在区内的山水工程也处于重要生态系统保护和修复重大工程毗邻区。大部分重要生态系统保护和修复重大工程的重点子工程区域内都有山水工程分布，有6个山水工程涉及多个重点子工程区域。2023年10月，财政部、自然资源部、生态环境部联合召开山水林田湖草沙一体化保护和修复工程推进会，表彰了首批15个山水工程优秀典型案例，其中西部地区有4个典型案例入选，分别是宁夏贺兰山东麓矿山生态修复项目、内蒙古乌兰布和沙漠综合治理工程、重庆渝北区铜锣山矿区生态修复项目和重庆广阳岛生态修复项目，展现出西部地区山水林田湖草沙保护和修复的良好成效和突出贡献。

第七节　西部地区生态保护成效

一、生态系统格局和质量改善

经过系统性、长期性的生态保护，我国西部地区的生态系统格局和

表 2-10 西部地区山水林田湖草沙一体化保护修复工程概览

重要生态系统保护和修复重大工程名称	包含的山水工程数量 / 个	山水工程简称
青藏高原生态屏障区生态保护和修复重大工程	5	
祁连山生态保护和修复	1	青海祁连山*
青藏高原矿山生态修复	3	甘肃祁连山*、青海祁连山*、西藏拉萨河流域*
若尔盖草原湿地—甘南黄河重要水源补给生态保护和修复	2	甘肃甘南黄河上游水源涵养区、四川黄河上游若尔盖草原湿地
西藏"两江四河"造林绿化与综合整治	1	西藏拉萨河流域*
黄河重点生态区（含黄土高原生态屏障）生态保护和修复重大工程	6	
贺兰山生态保护和修复	1	宁夏贺兰山麓
秦岭生态保护和修复	1	陕西秦岭北麓
黄河重点生态区矿山生态修复	2	陕西黄土高原*、甘肃祁连山*
黄土高原水土流失综合治理	4	陕西黄土高原*、甘肃祁连山*、青海湟水流域、宁夏黄河流域六盘山生态功能区
长江重点生态区（含川滇生态屏障）生态保护和修复重大工程	4	
三峡库区生态综合治理	1	重庆三峡库区腹心地带
武陵山区生物多样性保护	1	贵州武陵山区*
长江上中游岩溶地区石漠化综合治理	3	云南抚仙湖流域*、贵州乌蒙山区*、贵州武陵山区*
长江重点生态区矿山生态修复	2	云南抚仙湖流域*、贵州乌蒙山区*
北方防沙带生态保护和修复重大工程	5	
河西走廊生态保护和修复	1	甘肃祁连山*
内蒙古高原生态保护和修复	2	内蒙古乌梁素海流域、内蒙古科尔沁草原
塔里木河流域生态修复	1	新疆塔里木河重要源流区
天山和阿尔泰山森林草原保护	1	新疆额尔齐斯河流域
南方丘陵山地带生态保护和修复重大工程	1	
南岭山地森林及生物多样性保护	1	广西漓江流域
毗邻重要生态系统保护和修复重大工程区域	3	四川广安华蓥山区、重庆长江上游生态屏障、云南洱海流域

注：资料来源于《全国国土空间规划纲要（2021—2035 年）》；带有"*"表示该山水工程涉及多个生态保护修复工程。

质量显著改善。森林生态系统呈现量、质并增的良好趋势。

2020 年，森林面积达到 97.14 万 km²，相比 2000 年增长 7%，质量等级为中等及以上的森林生态系统占比超过一半，质量等级为中等以下的森林生态系统面积均下降超过 10%，除极个别省份，西部地区各省份质量等级为中等以下的森林生态系统均明显下降。

草地面积为 266.36 万 km²，尽管相比 2000 年有所降低（2.8%），但草地生态系统质量仍然保持了较高的水平，质量等级在中等及以上的草地生态系统占比达到 44%，质量等级为优的草地生态系统增长多达 12%，同时质量等级为差的草地生态系统大幅下降 22%，所有省份质量等级为差的草地面积均出现了缩减，其中宁夏缩减幅度甚至高达 81%。

灌丛面积为 50.99 万 km²，相比 2000 年，质量等级在中等及以上的灌丛生态系统均呈现 5%~8% 的增长，占比提升至约三成。与此同时，质量等级在中等以下的灌丛生态系统缩减 6%~9%，所有省份的质量等级为差的灌丛生态系统均呈现不同程度的缩减。

湿地面积为 21.15 万 km²，相比 2000 年增长 11%，奠定了水源涵养和洪水调蓄能力增强的基础。相较之下，农田面积减少 12%，显示出退耕还林还草还湿的显著成效，为西部地区生态系统保护修复减少了人类活动压力。

二、生态系统服务能力增强

随着森林、灌丛、草地、湿地等各类自然生态系统面积和质量的增加和提升，西部地区的生态系统服务能力持续增强。至 2020 年，西部地区生态系统的水源涵养总量为 7326.18 亿 m³，相较 2000 年，西部地区生态系统的水源涵养功能整体增强，水源涵养量增加了 162.49 亿 m³（或 2.27%），除内蒙古、新疆和西藏有所下降外，其他省份均明显提升。土壤保持总量为 1057.59 亿 t，相较 2000 年，土壤保持总量增长了

2.69%，除新疆略有下降外，其他省份的土壤保持功能均明显增强，其中甘肃和陕西的增长率甚至超过 10%。防风固沙总量为 296.57 亿 t，相较 2000 年，西部地区生态系统防风固沙总量增长高达 31.81%，尤其在鄂尔多斯高原、呼伦贝尔高原、黄土高原、准噶尔盆地、塔里木盆地边缘，以及青藏高原昆仑山南麓、阿尔金山脉等地出现了明显改善。地上植被碳库储量为 198.83 亿 t CO_2，相较 2000 年增长 50.54%，除新疆略有下降外，西部省份生态系统的植被碳库储量均呈现增长趋势，宁夏、重庆、陕西、贵州出现了 70% 以上的增长率，其中宁夏增长率高达 166.88%。洪水调蓄总量为 866.48 亿 m^3，相较 2000 年，洪水调蓄增长率达到 4.47%，主要增量来自湖库条件的改善。除内蒙古、新疆和重庆外，西部省份的洪水调蓄功能均呈现增长态势，尤其宁夏、贵州、甘肃等省份的增长率超过 16%。2000～2020 年，西部地区森林、湿地的生境面积增长 6.79% 和 10.83%，尤其宁夏、甘肃、贵州和陕西等地的自然生境明显改善，为生物多样性保护修复提供了良好的基础。

三、生态保护推动扶贫脱贫

我国西部地区是生态系统保护修复的主战场，也是贫困人口的集中区。长期以来，因边远地区的生计问题产生的生态退化是生态保护修复中的核心问题。我国西部地区在生态保护工程资金的使用上大量向贫困人口倾斜，使贫困人口直接受益。例如，内蒙古将国家和自治区的林业重点生态建设项目 80% 以上安排到贫困旗县，2016～2019 年，累计投入贫困旗县的国家林业重点工程资金达 38.1 亿元、国家公益林补偿资金为 62 亿元，带动 8 万名贫困人口受益[1]。甘肃将全省生态扶贫重点

---

[1] 内蒙古：生态产业助力戈壁增绿牧民增收，http://www.xinhuanet.com/politics/ 2020-12/17/c_1126870801.htm。

项目资金的 273.16 亿元安排给 75 个贫困县，占总投资的 84.64%；倾斜安排"两州一县"及 18 个深度贫困县投资 153.83 亿元，占总投资的 47.7%；倾斜安排未脱贫的 8 个深度贫困县投资 40.43 亿元，占总投资的 12.53%[①]。

2016 年起，西部地区响应国家生态护林员补助项目，大力从贫困人口中聘用护林员、草管员，实现"绿水青山"与"一人护林、全家脱贫"相互促进的良性循环。例如，重庆面向 14 个国家级贫困区县和 4 个市级贫困区县，截至 2019 年从建档立卡贫困户人员中共聘请生态护林员 1.9 万人，生态护林员人均年劳务收入为 5000 元左右[②]。2020 年前后，贵州生态护林员规模已累计达 18.28 万人，该政策带动了 54.84 万人实现脱贫[③]。

针对生态保护区自然条件恶劣、人口承载力有限、"一方水土不能养育一方人"的客观现实，西部地区通过易地搬迁的方式，既减少了人类活动对保护区的破坏，又实质性地提升了贫困人口的生活条件和务工就业机会。例如，1983～2020 年，宁夏实施了 6 次大规模移民搬迁，累计搬迁 123 万人[④]。截至 2019 年末，新疆让近 17 万贫困农牧民住进国家和地方政府补贴的安全住房[⑤]。

---

① 落实生态扶贫 助推脱贫攻坚——我省推进生态扶贫工作综述，https://szb.gansudaily. com.cn/gsrb/202011/11/c219847.html。

② 重庆大力实施八项林业扶贫举措 绿水青山变金山银山，https://www.cq.gov.cn/ywdt/ jrcq/202005/t20200518_8637550.html。

③ 林下"裂变"山间"藏宝"——国家生态文明试验区贵州的"绿色减贫"之路，http://www.xinhuanet.com/politics/2020-12/12/c_1126852818.htm。

④ 此心安处是吾乡——宁夏扶贫移民搬迁工作成就与经验综述，https://www.thepaper. cn/newsDetail_forward_9734316。

⑤ 新疆全面完成易地扶贫搬迁任务 近 17 万人喜迁新居，https://www.gov.cn/xinwen/ 2019-12/08/content_5459483.htm。

四、生态保护促进产业升级与绿色发展

生态系统保护修复进一步倒逼西部地区从传统的粗放型经济发展模式向技术密集型、环境友好型的经济发展模式跃迁。西部地区通过退耕还林，并结合技术投入、高标准农田建设以及生态修复，对自然条件进行了有效改善，从而呈现大量"退耕增产"的良性循环。例如，黄土高原地区在数十年退耕还林过程中成功实现了粮食总产量增长 47%，粮食自给率更是增长到了 108%（傅伯杰等，2023）。

立足水热条件通过林下经济和经济林产业发展高附加值农业，也是西部地区生态系统保护修复过程中的一大特色。例如，新疆南部四地州林果的种植面积为 1378 万亩，产量为 553.9 万 t，总产值达 376.6 亿元，分别占到全疆的 74%、68% 和 71%，成为全国闻名的高品质林果生产基地。其中，2019 年阿克苏地区林果的种植总面积为 440.8 万亩，是 1987 年的 13 倍；果品产量达 244.2 万 t，是 1987 年的 21 倍；林果总产值达 141.9 亿元，农民林果人均年纯收入为 5015 元，占农民人均年纯收入的 31%[①]。

结合自身自然条件和资源禀赋，互联网、新能源等绿色高新产业成为西部地区的另一张名片，"东数西算"成为继"西电东送""西气东输"之后又一大西部大开发战略布局，风光发电让"西电东送"更上一个台阶。例如，贵州利用自身水电和气温较低的优势大力布局大数据产业，整合形成"云上贵州"品牌和平台。2023 年，贵州大数据电子信息产业年总产值（收入）达到了 2200 亿元，实现了五年翻番的增长[②]。内蒙古拥

---

① 回首脱贫攻坚之路　开拓乡村振兴新局，http://www.moa.gov.cn/xw/qg/202109/t20210915_6376520.htm。

② 贵州大数据产业年总产值达 2200 亿元 五年实现翻番，https://www.chinanews.com.cn/cj/2024/05-24/10222355.shtml。

有全国 57% 的风能资源，技术可开发量达到 14.6 亿 kW。在"十三五"期间，内蒙古风电累计并网容量达到 2700 万 kW，位居全国第一[①]。2022 年，内蒙古风电新增装机容量突破 1200 万 kW，创造了中国风电发展史上的新纪录（李远，2023）。

[①] 探访我国在运最大陆上风电基地项目——风电"智慧"开发构筑北方绿色"堡垒"，http://paper.people.com.cn/zgnyb/html/2024-07/29/content_26072811.htm。

第三章

西部生态系统保护修复
面临的问题与挑战

由于地形与水热条件的原因，西部生态脆弱，形成了干旱半干旱区风沙区、黄土高原水土流失高敏感区、西南石漠化敏感区、西南山地干热河谷地质灾害高发区、青藏高原高寒生态脆弱区。受长期资源不合理利用的影响，生态系统退化明显，生态系统质量低、稳定性差，土地沙化、水土流失、石漠化等问题严重。西部生态系统对人类活动高度敏感，且一旦受损修复难度大，因此生态系统保护修复的任务异常艰巨。

第一节　生态环境脆弱

我国地域辽阔，自然地理条件复杂，人类活动历史悠久，是世界上生态脆弱区分布面积最大、脆弱生态类型最多的国家之一。我国的生态脆弱区主要分布于西部地区。受地形、水分与土壤特征的影响，西部地区生态环境脆弱。西部生态脆弱区对人类活动的干扰非常敏感，容易发生严重的生态环境问题。威胁西部生态安全的主要区域性生态环境问题有水土流失、沙漠化、石漠化、冻融侵蚀和盐渍化等。受气候、地貌等地理条件影响，我国西部形成了黄土高原区、西南山地区、西部干旱区等不同类型的生态脆弱区。

黄土高原区由于土壤组成以粉砂粒为主，胶结疏松、孔隙度大、分散率高，土粒在水中极易分散悬浮，土块遇水后迅速崩解，一遇强降雨，极易发生水土流失，成为我国乃至全球水土流失最严重的区域。

西南山地区，山高谷深，坡度陡峭，广泛存在雨影区和干旱河谷，干燥指数高，土壤发育程度低，植被发育和恢复难度大，遇强降雨容易形成滑坡、泥石流等地质灾害，是我国人与自然冲突最尖锐的地区之一。

西部干旱区，降水稀少、年度变化大、植被稀疏、生态承载力低、过度放牧，易导致沙漠化，是我国沙尘暴的重要源区。许多地区形成了生态退化与经济贫困化的恶性循环，严重制约了区域经济和社会发展（孙鸿烈，2011）。

考虑一定区域发生生态环境问题的可能性和程度（即生态敏感性），根据土壤侵蚀敏感性、沙漠化敏感性、石漠化敏感性、土壤盐渍化敏感性等空间分布特征以及生态环境问题的区域特征，我国西部具体可划分为 18 个生态脆弱区（表 3-1）。根据各类生态环境问题发生的敏感程度，可将生态敏感性划分为极敏感、高敏感、中敏感、低敏感以及不敏感五个级别（欧阳志云和郑华，2014）。

2020 年，西部生态敏感脆弱区域总面积达到 410.43 万 km²，占全国生态敏感脆弱区域面积的 85.97%，占西部地区总面积的 61.05%。其中生态高敏感和极敏感区域面积为 131.14 万 km²，占西部地区总面积的 19.51%，占全国生态高敏感和极敏感区域面积的 93.02%，西部生态极敏感区域面积为 55.39 万 km²，占全国极敏感区域的 94.71%（图 3-1）。就不同省份来看，生态高敏感和极敏感区域面积最大的是新疆，面积达到 60.37 万 km²，其次为内蒙古、甘肃、西藏和青海（图 3-2 和图 3-3）。

西部水蚀敏感性主要受地形、降水量、土壤质地和植被的影响。西部水蚀敏感区总面积达 121.12 万 km²，占西部地区总面积的 18.02%。水蚀高敏感和极敏感区域面积为 26.57 万 km²，占西部地区总面积的 3.95%，占西部水蚀敏感区总面积的 21.94%，贡献了全国水蚀高敏感和极敏感区域面积的 73.36%。其中水蚀极敏感区面积为 9.89 万 km²，占西部地区总面积的 1.47%，占西部水蚀敏感区总面积的 8.17%。极敏感区域主要分布在黄土高原、西南山区、大青山、念青唐古拉山脉、横断山脉河谷地区等。高敏感区主要分布在西南地区、横断山脉、川西、滇西、

表 3-1　西部生态脆弱区及主要生态环境问题

编号	生态脆弱区名称	生态敏感性特征与主要生态环境问题
1	内蒙古高原中东部沙漠化生态脆弱区	草地退化、沙漠化
2	内蒙古高原中部沙漠化盐渍化生态脆弱区	草地退化、沙漠化、盐渍化
3	内蒙古高原西部荒漠戈壁生态脆弱区	草地退化、沙漠化
4	黄土高原水土流失生态脆弱区	植被退化、水土流失
5	祁连山冻融侵蚀生态脆弱区	植被退化、冻融侵蚀
6	柴达木盆地荒漠生态脆弱区	沙化
7	阿尔泰山—准噶尔西部沙漠化水土流失生态脆弱区	水土流失、沙化
8	准噶尔盆地荒漠戈壁生态脆弱区	绿洲退化
9	天山山地冻融侵蚀生态脆弱区	冻融侵蚀
10	塔里木盆地东疆荒漠戈壁生态脆弱区	绿洲退化
11	昆仑山—阿尔金山高寒荒漠生态脆弱区	草地退化、沙化
12	江河源区高寒草甸草原生态脆弱区	草地退化、沙化
13	羌塘高原高寒荒漠生态脆弱区	草地退化、沙化
14	藏南山地水土流失生态脆弱区	水土流失敏感性高
15	西南山地水土流失生态脆弱区	水土流失、地质灾害
16	西南喀斯特石漠化生态脆弱区	植被退化、石漠化
17	四川盆地水土流失生态脆弱区	水土流失
18	三峡库区水土流失生态脆弱区	水土流失

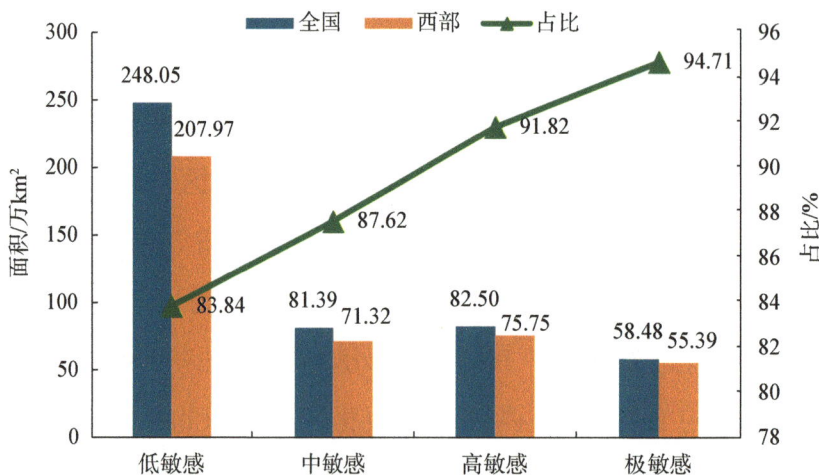

图 3-1　生态敏感区域分布面积及占全国比例

注：占比数据由原始数据计算而来，其分项加总数据可能不等于文中合计数。

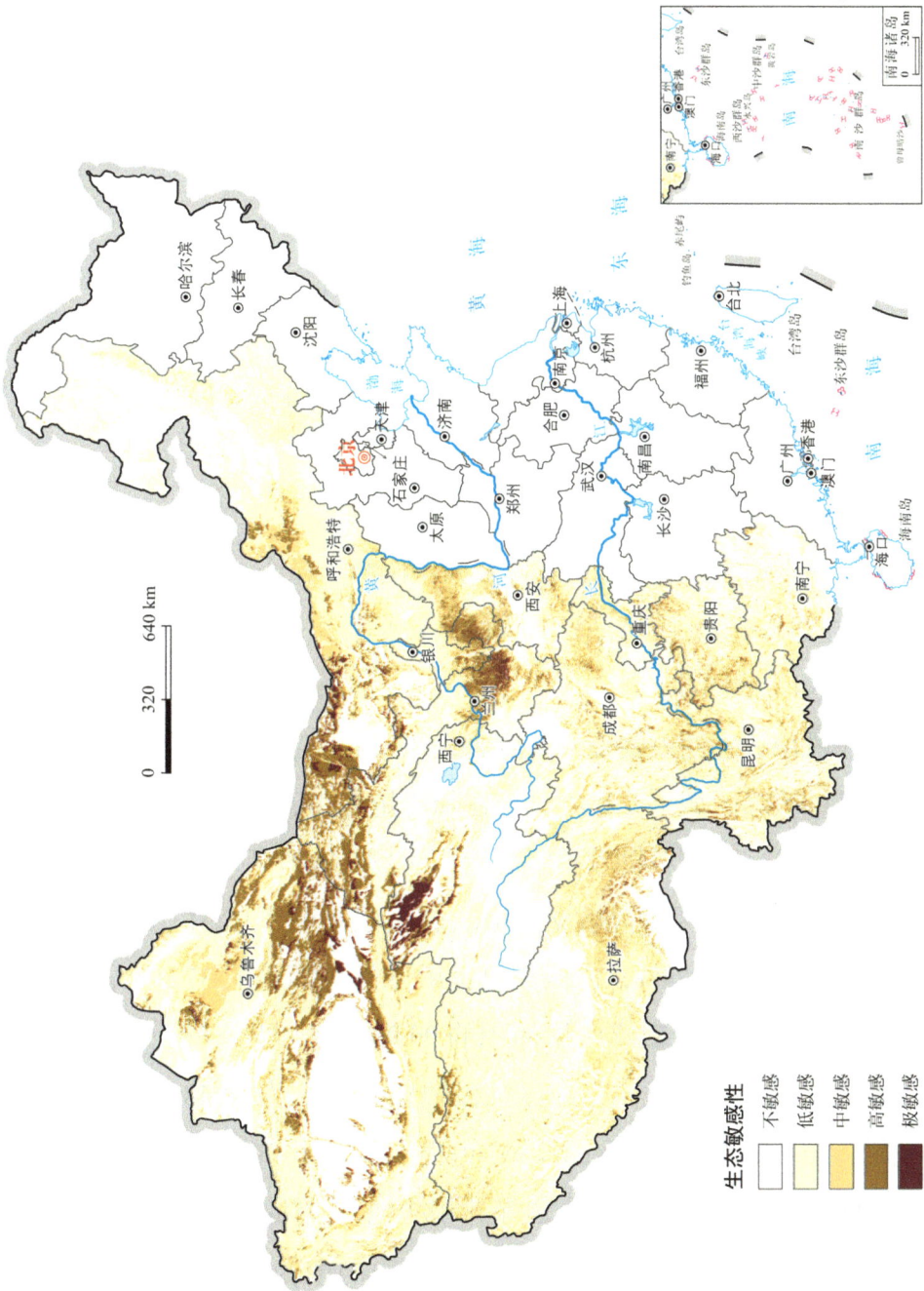

图 3-2　西部生态敏感性空间分布图

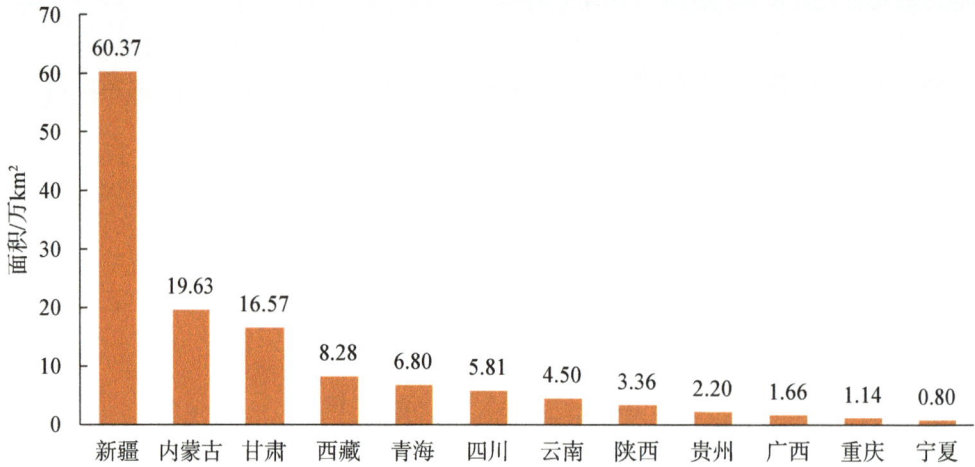

图 3-3　生态高敏感和极敏感区域面积分地区统计

注：因为四舍五入原因，图中分项加总数据可能不等于文中合计数。

秦巴山地、贵州的丘陵和山区，以及天山山脉、昆仑山脉局部零星地区。水蚀高敏感和极敏感区域面积最大的省份是甘肃、其次是四川、云南和陕西（图 3-4 和图 3-5）。

西部风蚀敏感性主要受干燥度、大风日数、土壤质地和植被覆盖的影响，风蚀敏感区域主要集中分布在降水量稀少、蒸发量大的西北干旱及半干旱地区。西部风蚀敏感区总面积达到 248.27 万 km²，占西部地区总面积的 36.93%。风蚀高敏感和极敏感区域面积为 92.36 万 km²，占西部地区总面积的 13.74%，占西部风蚀敏感区总面积的 37.20%，贡献了全国风蚀高敏感和极敏感区域面积的 99.96%，主要分布于新疆、内蒙古、甘肃、青海和西藏。其中风蚀极敏感区面积为 44.48 万 km²，占西部地区总面积的 6.62%，占西部风蚀敏感区总面积的 17.92%。西部风蚀极敏感区域主要是沙漠地区周边绿洲和沙地，包括准噶尔盆地边缘、塔克拉玛干沙漠沿塔里木河、和田河、车尔臣河地区、吐鲁番盆地、巴丹吉林沙漠、腾格里沙漠周边绿洲、柴达木盆地北部以及科尔沁沙地、浑善达克沙地、毛乌素沙地、宁夏平原等地，另外藏北高原、三江源地区

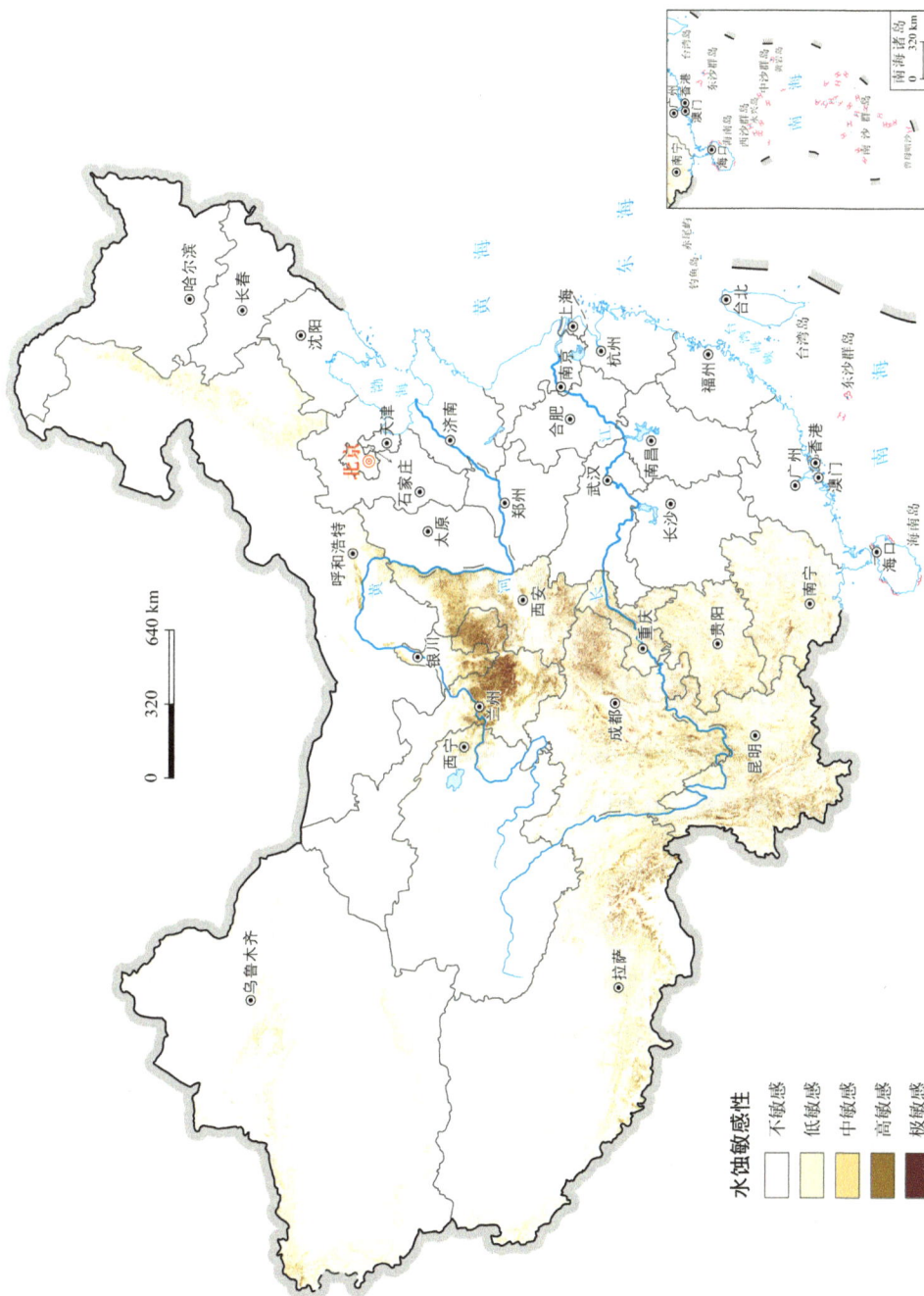

图 3-4 西部水蚀敏感性分布图

水蚀敏感性

不敏感
低敏感
中敏感
高敏感
极敏感

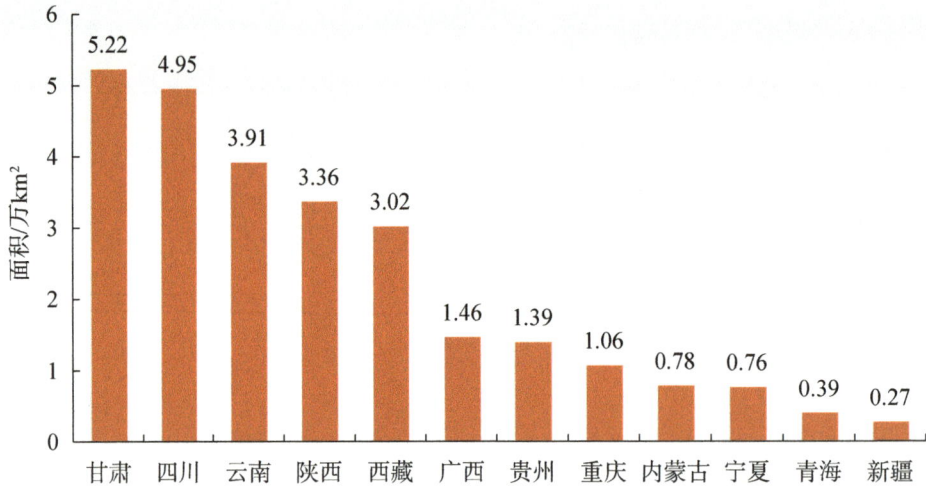

图 3-5　西部水蚀高敏感和极敏感区域面积分地区统计

等有零星分布。风蚀高敏感区域包括新疆天山南脉至塔里木河冲积平原、古尔班通古特沙漠南部乌苏－阜康平原地区、疏勒河北部、柴达木盆地南部、呼伦贝尔高原、河套平原、阴山山脉以北以及科尔沁沙地以北广大地区。风蚀高敏感和极敏感区域面积最大的省份是新疆，其次是内蒙古、甘肃和青海（图 3-6 和图 3-7）。

西部盐渍化敏感性主要受降水量与蒸发量比、地形、地下水矿化度的影响。我国西部土地盐渍化极敏感区主要分布于沿秦岭—巴颜喀拉山—唐古拉山—喜马拉雅山一线以北广阔的半干旱、干旱地区，主要分布区包括塔里木盆地周边、和田河谷、准噶尔盆地周边、柴达木盆地、吐鲁番盆地等封闭盆地、罗布泊、疏勒河下游、黑河下游、河套平原西部、阴山以北浑善达克沙地以西、呼伦贝尔东部、西辽河河谷平原等地区。高度敏感区集中分布在准噶尔盆地东南部、哈密地区、河西走廊北部、阿拉善洪积平原区、宁夏平原、河套平原东部、阴山以北河谷区域，以及青藏高原内零星地区。

西部石漠化敏感性主要受石灰岩分布和降水量影响。西部石漠化

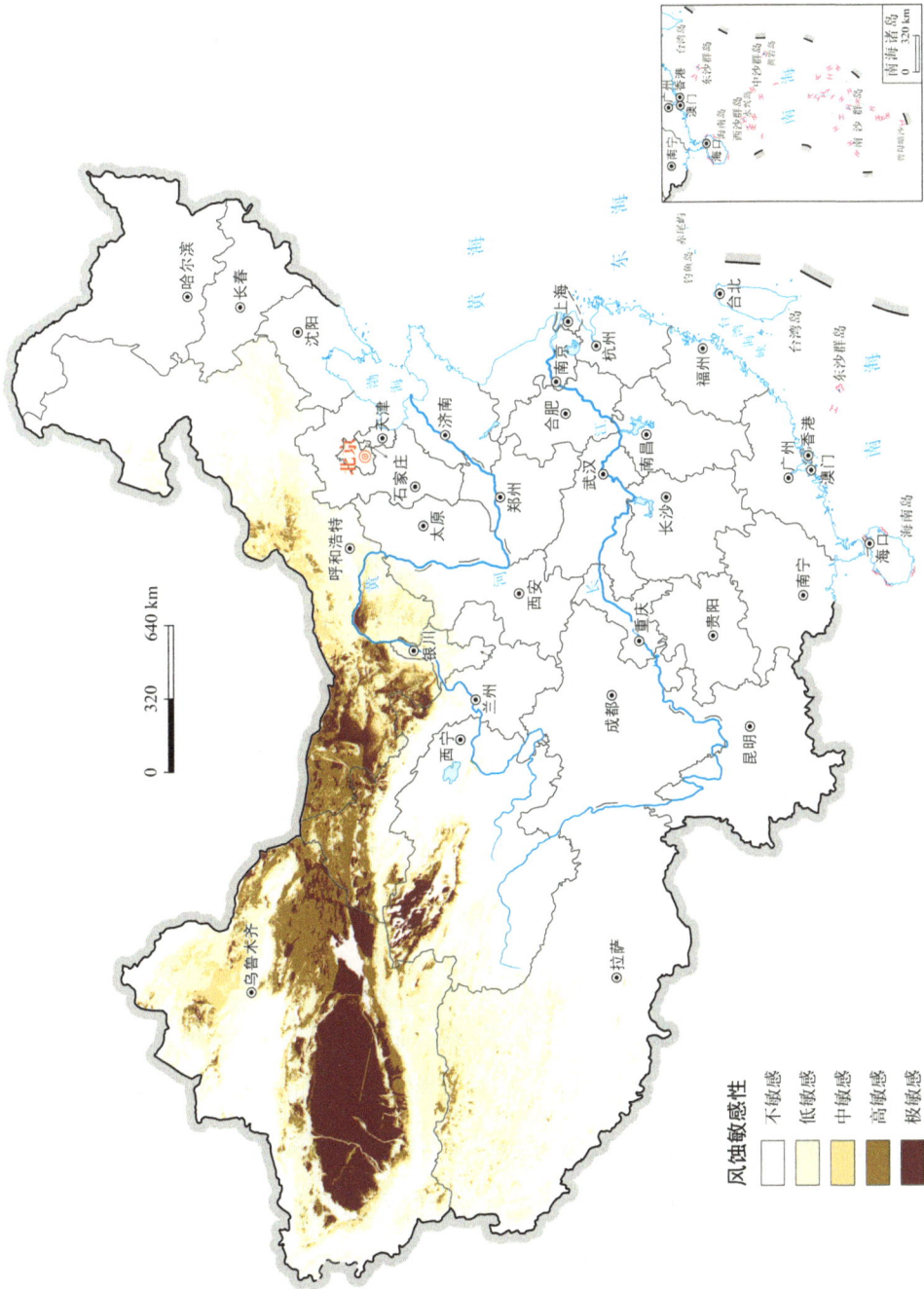

图 3-6 西部风蚀敏感性分布图

风蚀敏感性

不敏感
低敏感
中敏感
高敏感
极敏感

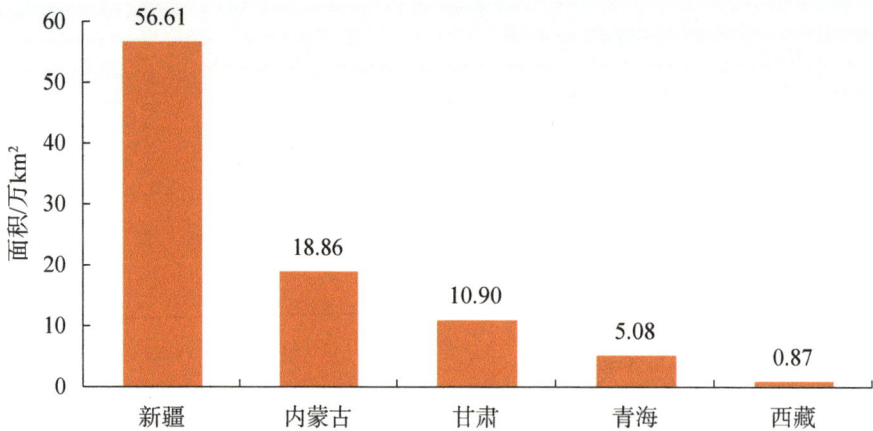

图 3-7　西部风蚀高敏感和极敏感区域面积分地区统计

敏感区总面积为 12.56 万 km^2，占西部地区总面积的 1.87%。西部石漠化高敏感和极敏感区域面积为 2.16 万 km^2，占西部地区总面积的 0.32%，占西部石漠化敏感区域总面积的 17.20%，贡献了全国石漠化高敏感和极敏感区域面积的 92.32%，主要分布于贵州、云南、四川、广西和重庆五地。其中石漠化极敏感区面积为 0.42 万 km^2，占西部地区总面积的 0.06%，占西部石漠化敏感区总面积的 3.34%。石漠化极敏感区集中分布在贵州西部、南部区域，高敏感区多与极敏感区交织分布，主要在贵州西部、中部和南部，四川西南及东北部，云南东部等地有零星分布（图 3-8 和图 3-9）。

西部冻融侵蚀敏感性主要受年平均气温和地形的影响。西部冻融侵蚀敏感区总面积为 65.36 万 km^2，占西部地区总面积的 9.72%。全国冻融侵蚀高敏感和极敏感区域全部分布于西部，西部冻融侵蚀高敏感和极敏感区域面积为 10.90 万 km^2，占西部地区总面积的 1.62%，占西部冻融侵蚀敏感区总面积的 16.68%，分布于西藏、新疆、青海、四川和甘肃五地。其中冻融侵蚀极敏感区面积为 0.65 万 km^2，占西部地区总面积的 0.10%，占西部冻融侵蚀敏感区总面积的 0.99%。冻融侵蚀极敏感区主要

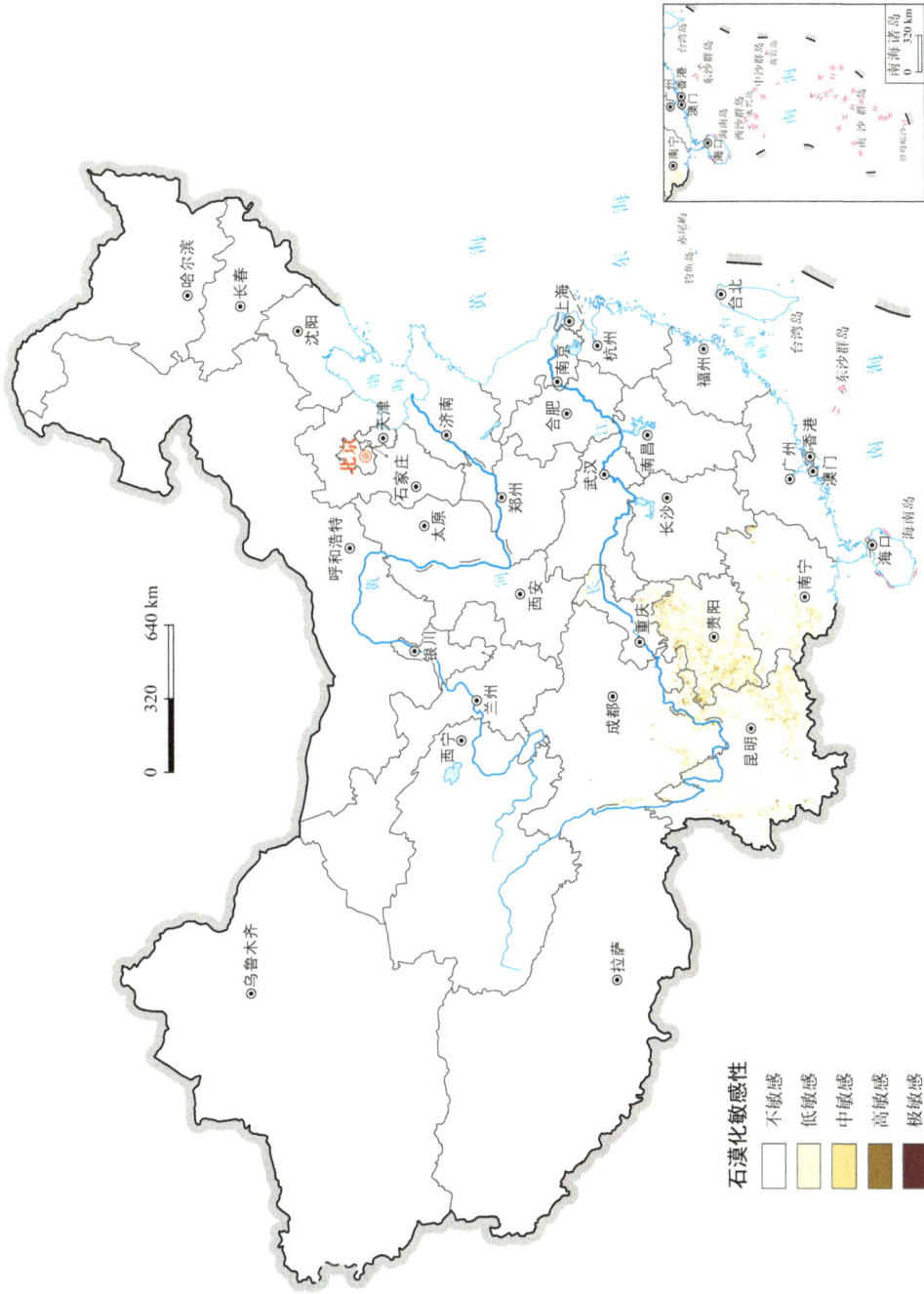

图 3-8 西部石漠化敏感性分布图

石漠化敏感性

- 不敏感
- 低敏感
- 中敏感
- 高敏感
- 极敏感

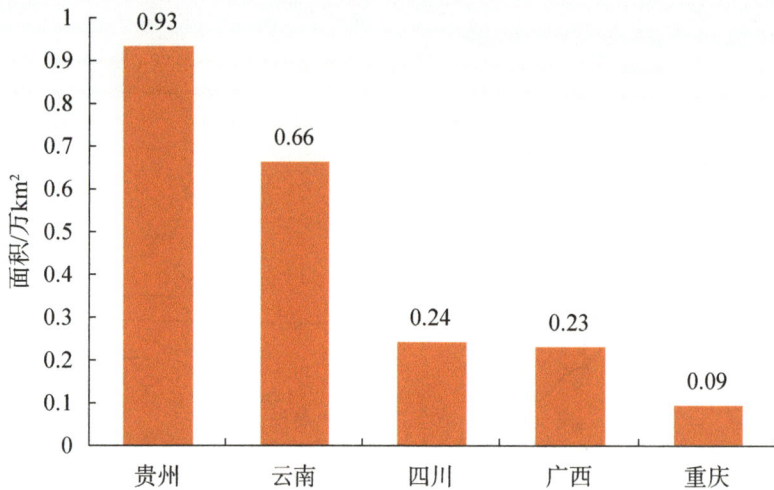

图 3-9　西部石漠化高敏感和极敏感区域面积分地区统计

分布在青藏高原西南部，海拔普遍高于 4500 m，且坡度大多在 30° 以上，主要包括阿里、冈底斯山脉以南的巴青、比如、丁青三县交界处以及甘孜、色达、炉霍三县交界处，九龙、松潘、康定、金川等局部零星地区；高敏感区集中分布在阿尔泰山、天山、祁连山脉北部、昆仑山脉北部、横断山脉高海拔地区（图 3-10 和图 3-11）。

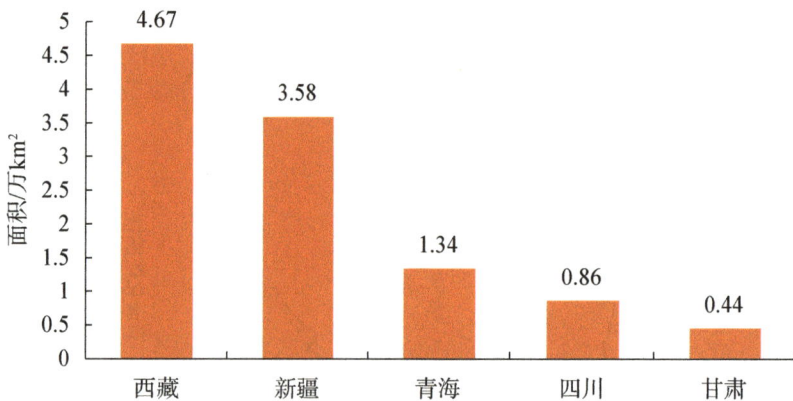

图 3-10　西部冻融侵蚀高敏感和极敏感区域面积分地区统计

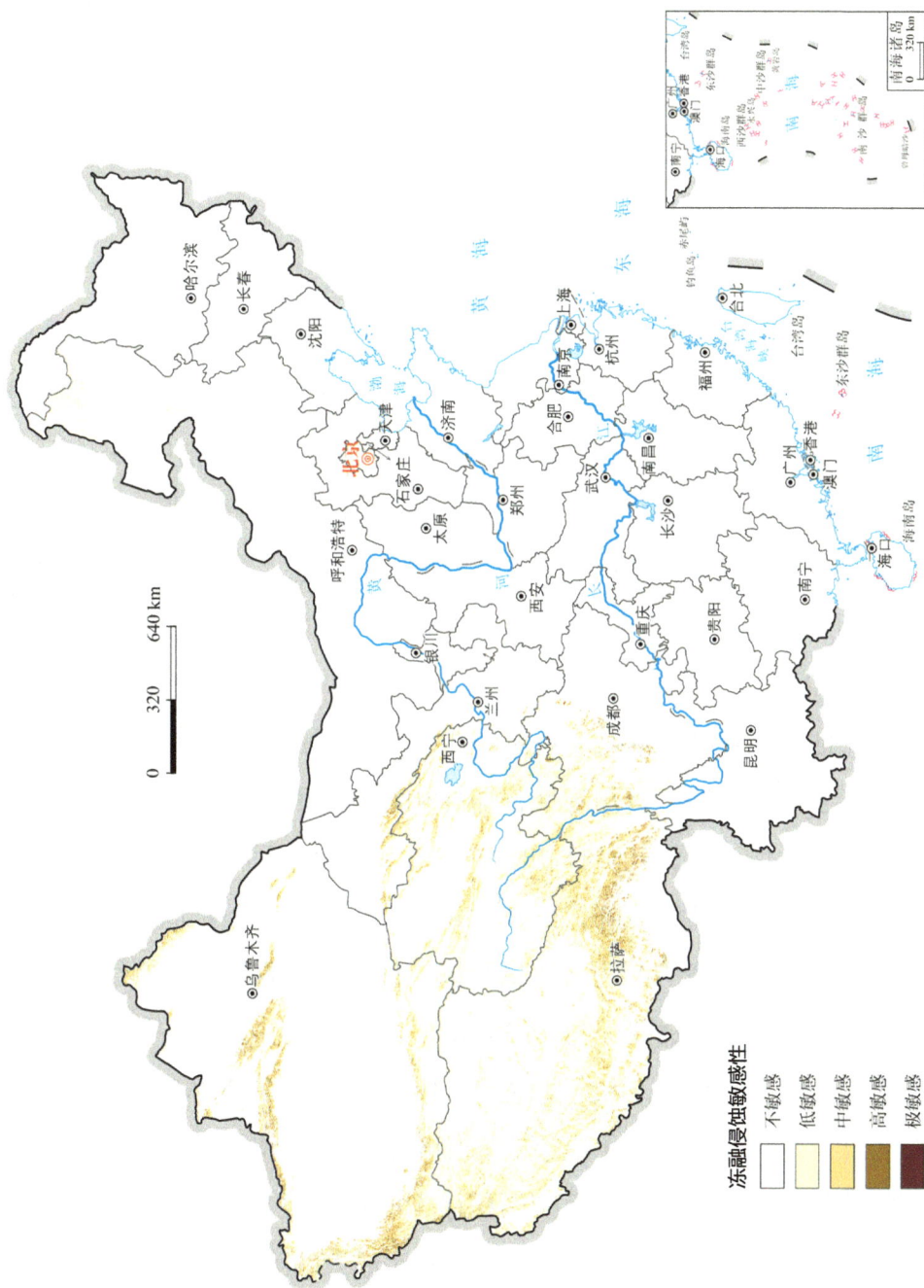

图 3-11　西部冻融侵蚀敏感性分布图

冻融侵蚀敏感性

不敏感
低敏感
中敏感
高敏感
极敏感

第二节　生态系统质量低

　　我国西部大部分地区严酷的气候特征和特殊的地形条件，决定了其植物种类相比中国其他区域贫乏，总体生态系统结构简单，干旱草原和荒漠草原的植被结构简单，覆盖度低，地表裸露严重，超载放牧普遍存在，因此西部生态系统质量总体偏低。2020年，西部地区质量等级为优、良的生态系统面积仅占森林、灌丛、草地生态系统总面积的27.34%，质量等级为中及以下的生态系统面积占森林、灌丛、草地生态系统总面积的72.66%，约55.08%的生态系统质量等级为低、差，大面积分布于青藏高原西部、新疆、内蒙古西部等干旱半干旱区域（图3-12）。

　　西部地区的森林和灌丛生态系统主要分布于青藏高原东南部、内蒙古东部、云南、秦岭、贵州等地，疏林和灌木林面积较大，森林生态系统中人工林比例较高，幼龄林和中龄林占比较大，面临人工林面积大幅增长、天然林面积持续下降，以及树种单一、森林病虫害危害加剧、生态系统服务功能下降的问题。质量等级为优、良的森林生态系统面积占比较低，仅占全部森林面积的28.38%，质量等级为中及以下的森林生态系统面积占据主导地位，占比高达71.63%，45.97%的森林生态系统质量等级为低、差，主要分布于内蒙古东南部、新疆、陕西、甘肃等地。质量等级为低、差的森林生态系统面积最大的是内蒙古，其次为四川和云南，质量等级为低、差的森林生态系统占比最大的为宁夏，其次为青海、新疆和甘肃（图3-13和图3-14）。

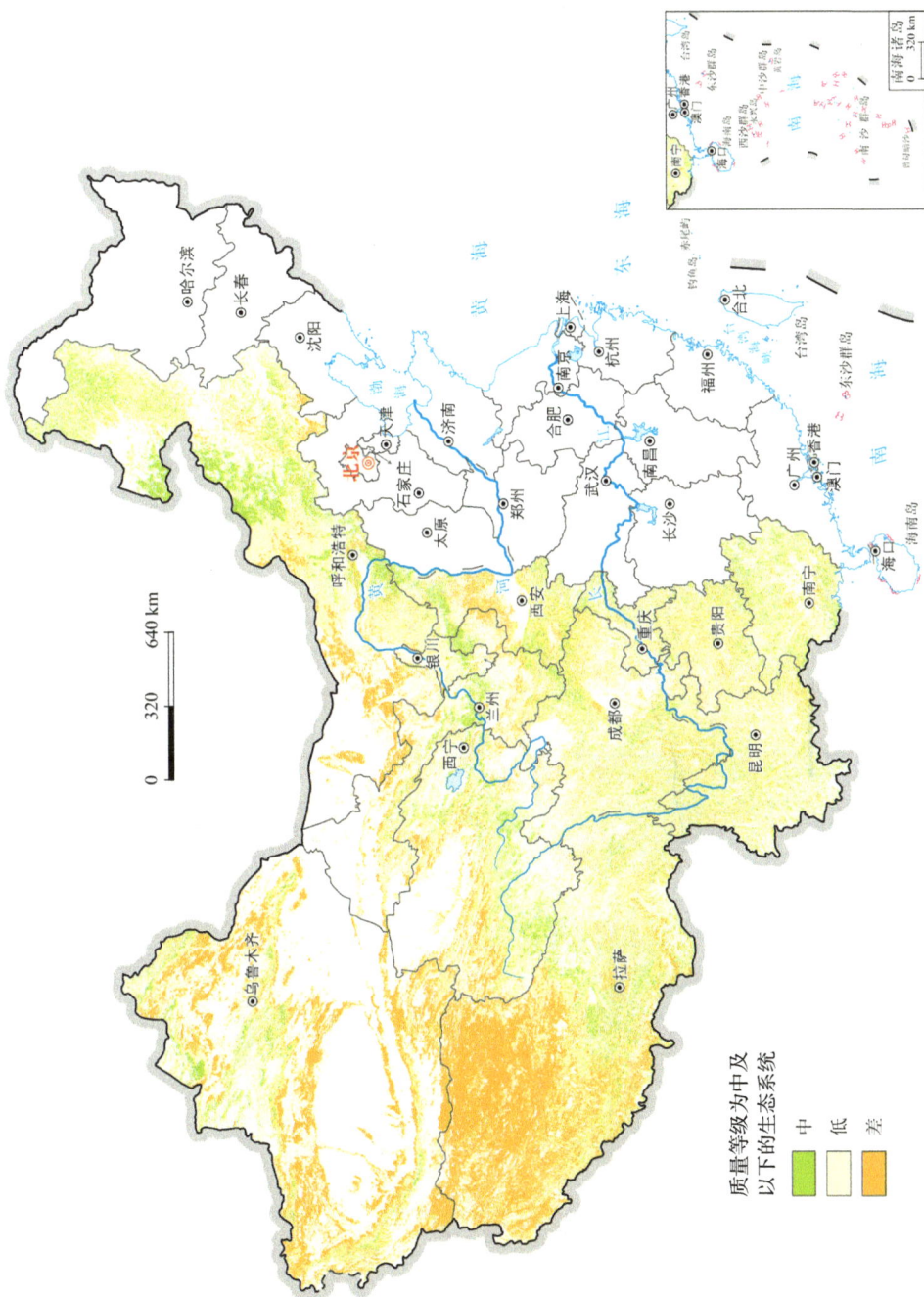

图 3-12　西部质量等级为中及以下的生态系统分布图

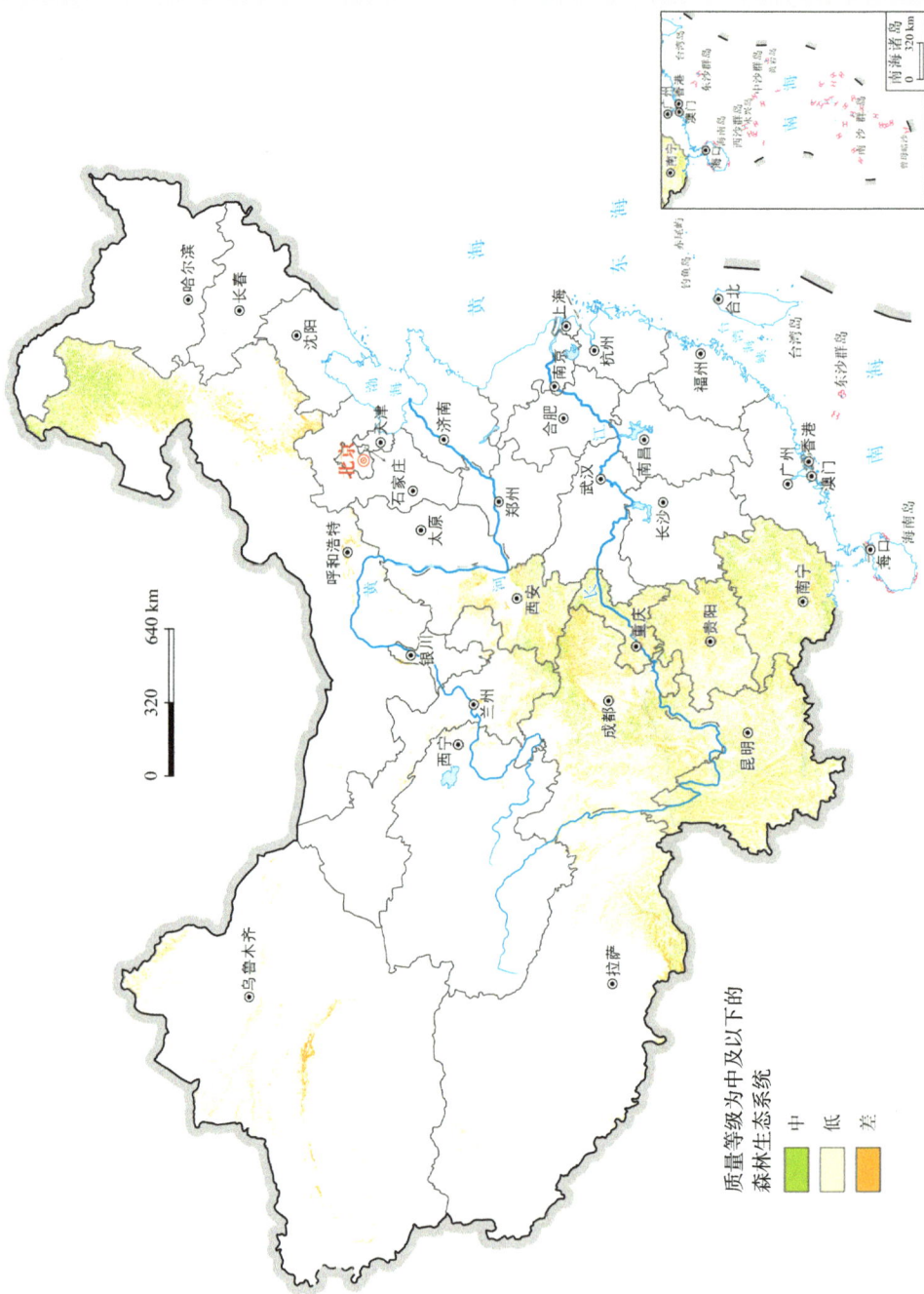

图 3-13 西部质量等级为中及以下的森林生态系统分布图

质量等级为中及以下的
森林生态系统

中
低
差

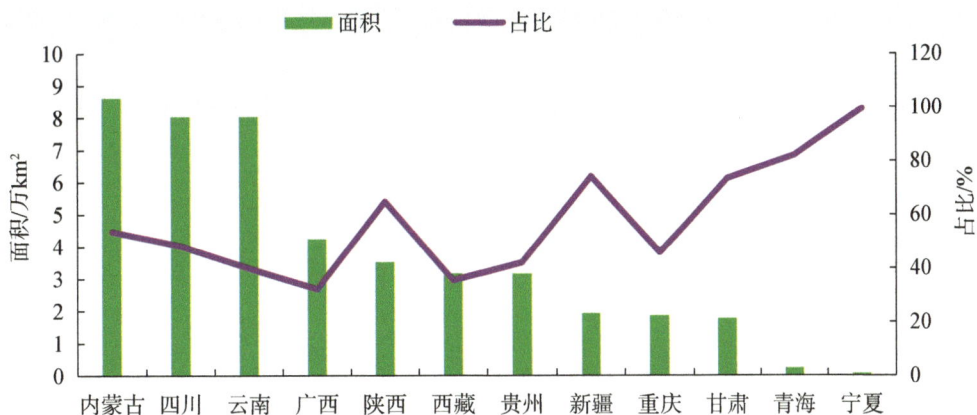

图 3-14 西部质量等级为低、差的森林生态系统面积及占比分地区统计

　　西部灌丛生态系统广泛分布于西部各省份，但灌丛生态系统质量总体低下，质量等级为优、良的灌丛生态系统面积仅占全部灌丛面积的17.63%，质量等级为中及以下的灌丛生态系统面积高达82.37%，约70%的灌丛质量等级为低、差，广泛分布于新疆、青海、西藏、陕西和甘肃等。质量等级为低、差的灌丛生态系统面积最大的是新疆，质量等级为低、差的灌丛生态系统占比最大的为新疆、宁夏（图3-15和图3-16）。

　　西部草地面积巨大，草地既是牧民赖以生存的基本自然资源，也是具有重要生态调节功能的生态系统。西部草地生态系统广泛分布于青藏高原、内蒙古和新疆等地。超载放牧和过度开垦致使草地迅速退化，樵采、滥挖屡禁不止，鼠害、虫害控制不力，导致草原面积不断减少。遥感调查显示，我国草地植被遭到严重破坏，大量草地严重退化。退化草地上的生产力等级下降，质量等级为优、良的牧草种类减少，毒草种类和数量增加，牲畜承载能力严重下降。西部干旱区自然条件恶劣，加之草地生态系统结构、功能的严重破坏使得草地生态系统退化严重，草地生态系统总体质量较低，质量等级为优、良的草地生态系统面积占

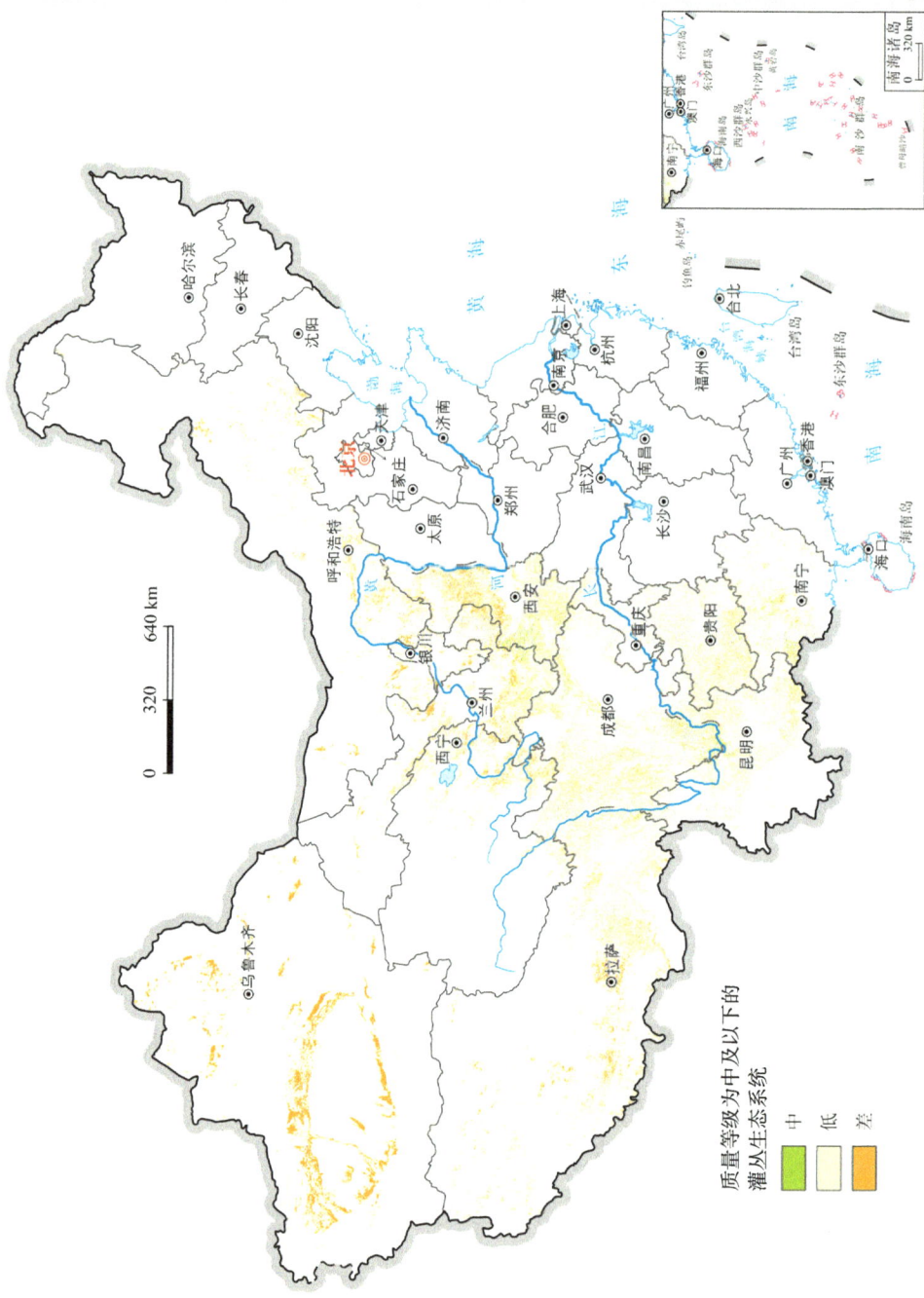

图 3-15 西部质量等级为中及以下的灌丛生态系统分布图

质量等级为中及以下的
灌丛生态系统

中
低
差

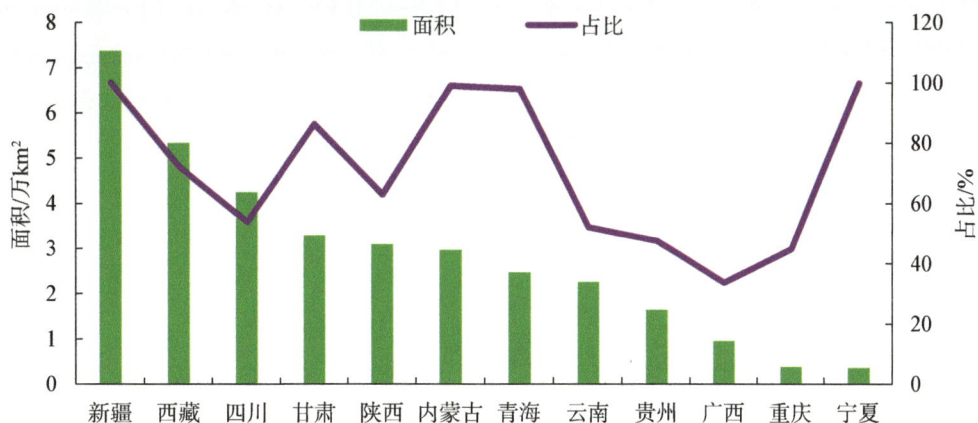

图 3-16　西部质量等级为低、差的灌丛生态系统面积及占比分地区统计

全部草地面积的 28.74%，质量等级为中及以下的草地生态系统面积占 71.26%，55.58% 的草地质量等级为低、差，大面积分布于青藏高原西部、内蒙古西部与新疆。质量等级为低、差的草地生态系统面积最大的是西藏，其次为新疆、内蒙古和青海，质量等级为低、差的草地生态系统占比最大的为西藏（图 3-17 和图 3-18）。

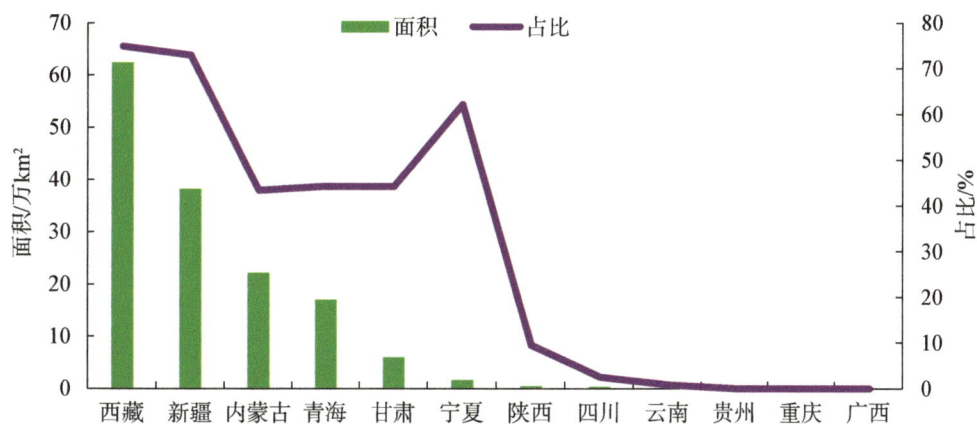

图 3-17　西部质量等级为低、差的草地生态系统面积及占比分地区统计

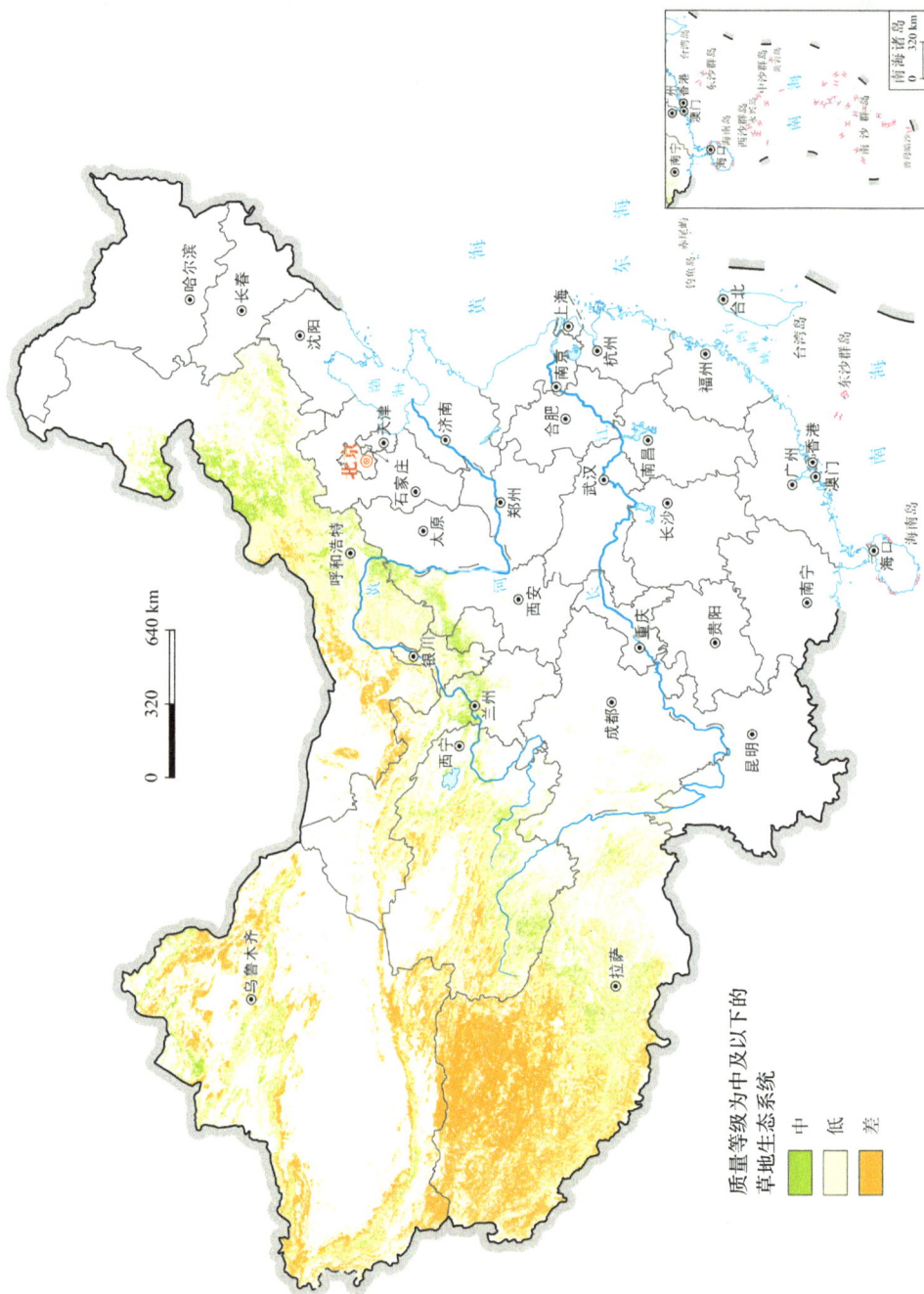

图 3-18 西部质量等级为中及以下的草地生态系统分布图

质量等级为中及以下的草地生态系统
中
低
差

第三节　土 地 退 化

西部地区土地退化面积比例与退化程度远高于全国其他地区。2020 年，由于土地沙化、水土流失和石漠化，西部地区土地退化总面积为 247.47 万 km²，约占区域面积的 36.81%。西部土地退化程度严重，重度及以上土地退化主要集中在西北地区（图 3-19）。重度及以上土地退化面积为 133.74 万 km²，占土地退化总面积的 54.04%。其中，重度及以上土地退化面积最广、占比最大的均为西藏（图 3-20）。

西部各种土地退化类型中，土地沙化问题发生的面积最大，占据主导地位。沙化土地主要集中在西北部地区，不仅分布面积大，而且扩展速度快，治理难度大。2020 年，西部地区土地沙化总面积为 173.01 万 km²，约占区域面积的 25.74%，主要是重度及以上土地沙化（图 3-21）。重度及以上土地沙化面积达 117.95 万 km²，约占土地沙化总面积的 68.18%。其中沙漠 / 戈壁面积达 82.73 万 km²，约占土地沙化总面积的 47.82%；重度和极重度沙化面积为 35.22 万 km²，约占土地沙化总面积的 20.36%。局部地区土地沙化仍在加剧。

西部重度及以上土地沙化分布面积最大的为新疆，其次为内蒙古和西藏，重度及以上土地沙化面积占比最大的是新疆，其次为甘肃和内蒙古（图 3-22）。西部地区沙化耕地与沙化草地面积大，沙化程度比较严重，中度沙化的耕地约占全部沙化耕地的 82%，严重沙化的草地约占全部沙化草地的 60%。我国现有的 12 大沙漠（沙地）均分布于西部。由于气候干旱多风、人类活动频繁，荒漠化动态非常活跃，我国 12 大沙漠（沙地）仍然是我国荒漠化危害灾区和主要发生发展源。其中，巴丹吉林和腾格里两大沙漠之间，出现 3 条黄沙带并逐渐扩大，连接一体的趋势明显，荒漠化状况还在继续恶化（图 3-23）。

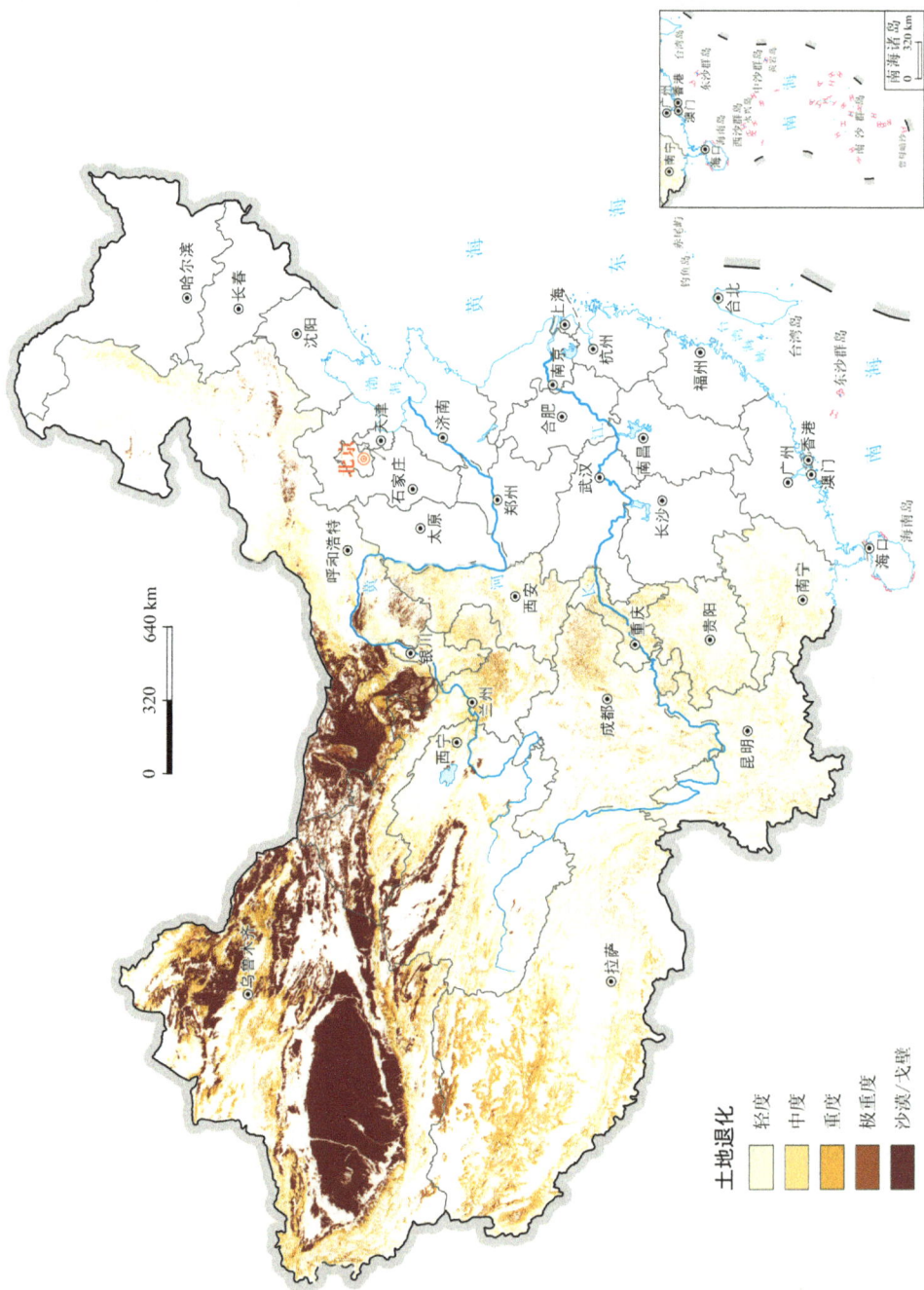

图 3-19　西部土地退化分布图

土地退化

轻度
中度
重度
极重度
沙漠/戈壁

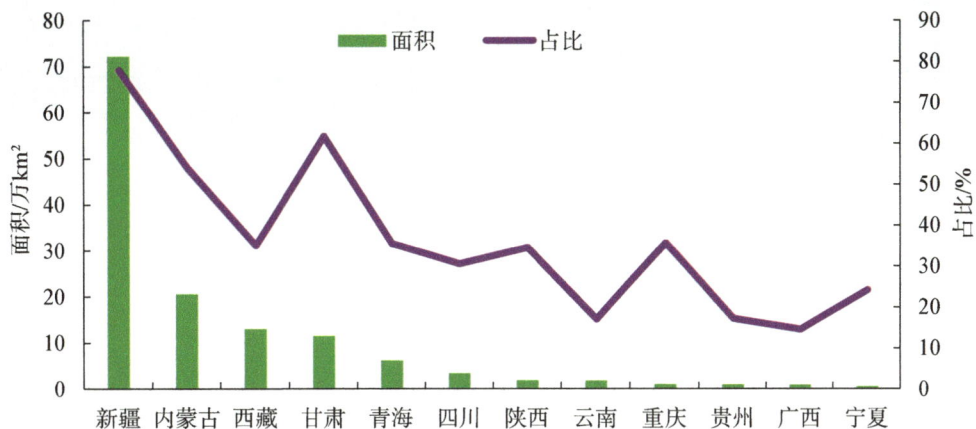

图 3-20　西部土地退化重度及以上面积及占比分地区统计

西部水土流失面积大，分布广、强度大。阴山—贺兰山—青藏高原东缘一线以东的地区是水土流失最为严重的地区，尤以黄土高原最重，宁夏、重庆和陕西三地的水土流失面积均超过土地总面积的一半（孙鸿烈，2011）。2020 年，西部地区水土流失总面积为 91.52 万 km²，约占区域面积的 13.61%。重度及以上水土流失面积达 16.29 万 km²，占水土流失总面积的 17.80%。其中，极重度水土流失面积为 6.34 万 km²，占水土流失总面积的 6.93%。

西部重度及以上水土流失分布面积最大的为四川，其次为甘肃、西藏、陕西和云南（图 3-24），重度及以上水土流失占比最大的是重庆，其次为甘肃和陕西。西部水土流失的危害严重，西南岩溶区和长江上游等地有相当比例的农田耕作层已经流失殆尽，完全丧失了农业生产能力。水土流失导致大量泥沙进入河流、湖泊和水库，削弱河道行洪和湖库调蓄能力。严重的水土流失加剧山区贫困程度，不少山区出现"种地难、吃水难、增收难"的情况。水土流失与贫困互为因果，相互影响。水土流失削弱生态系统功能，导致土壤涵养水源能力降低，加剧干旱灾害。同时水土流失作为面源污染的载体，在输送大量泥沙的过程中，也输送

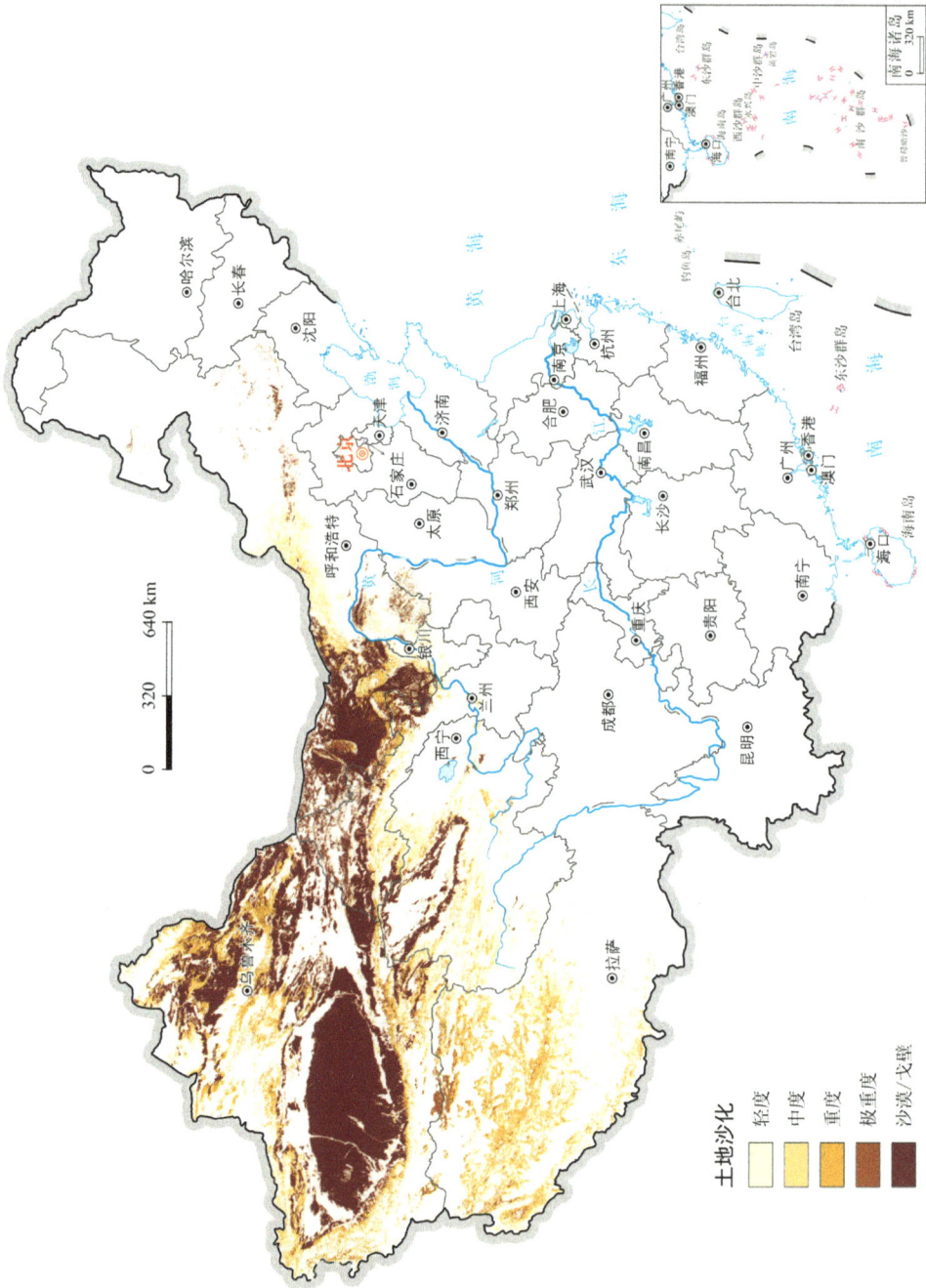

图 3-21 西部土地沙化分布图

土地沙化

轻度
中度
重度
极重度
沙漠/戈壁

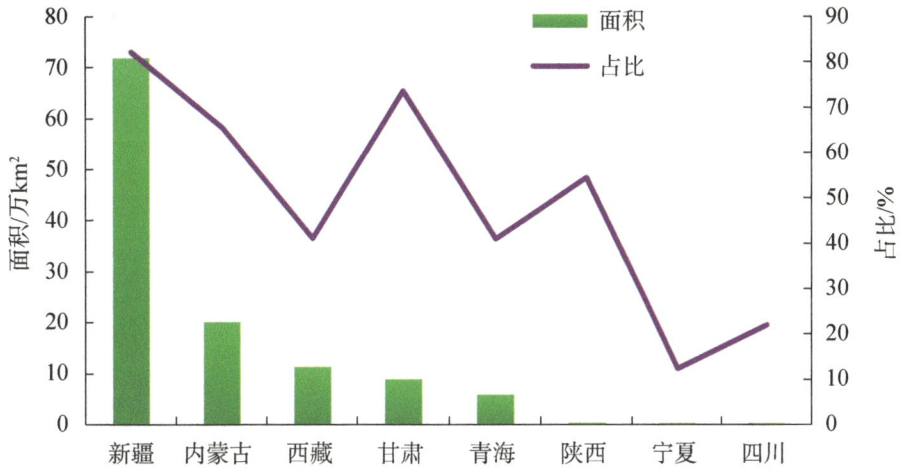

图 3-22　西部土地沙化重度及以上面积及占比分地区统计

图 3-23　青藏高原土地沙化问题（照片提供者：张路）

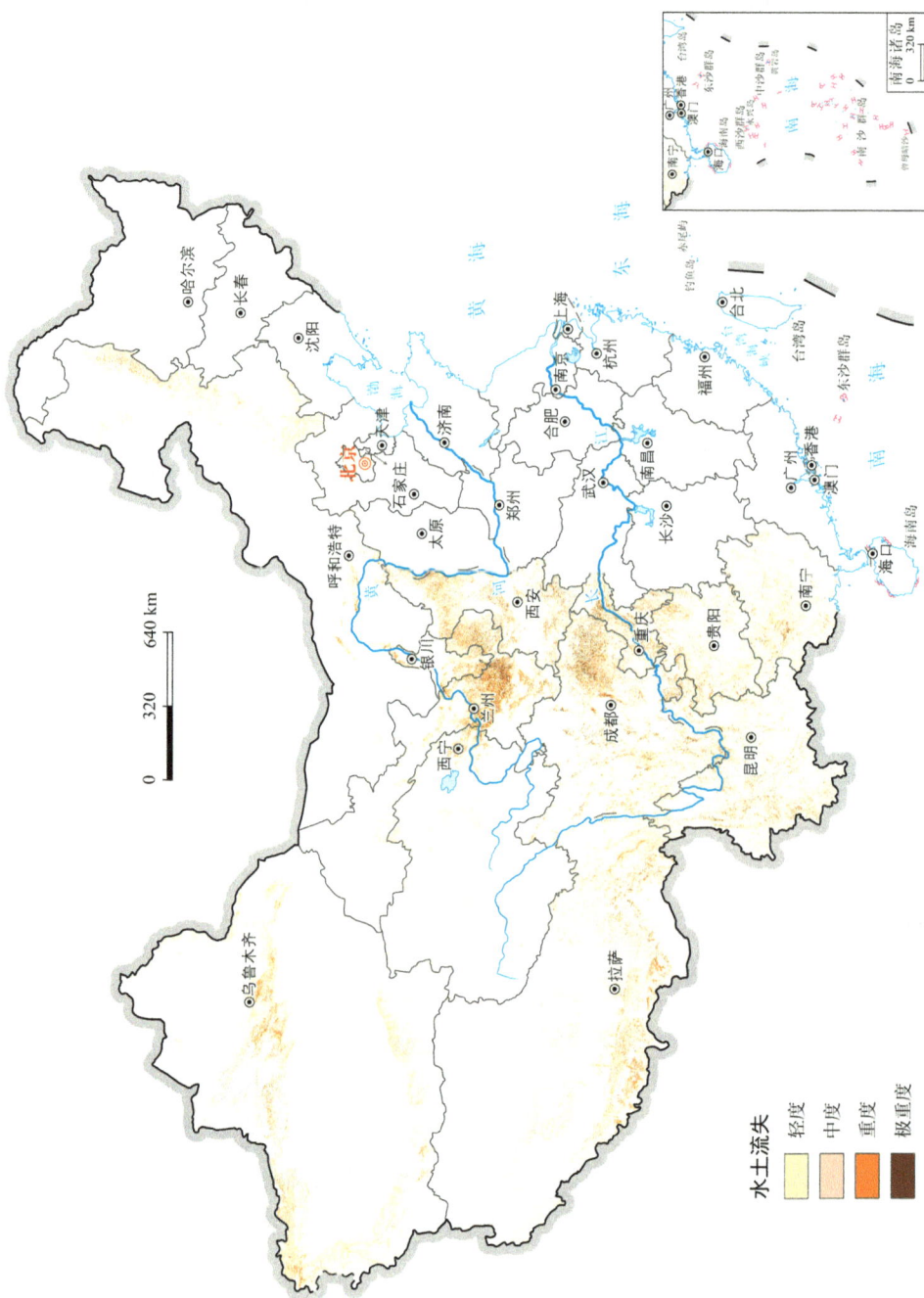

图 3-24　西部水土流失分布图

水土流失
　轻度
　中度
　重度
　极重度

了大量化肥、农药等面源污染物，加剧水源污染。水土流失还导致草场退化，防风固沙能力减弱，加剧沙尘暴，并导致河流湖泊萎缩，野生动物栖息地消失，生物多样性降低（图3-25）。

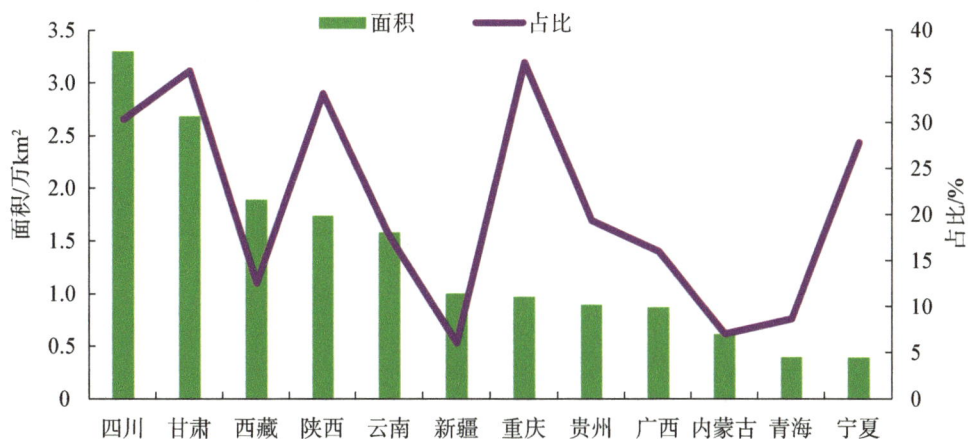

图 3-25　西部水土流失重度及以上面积及占比分地区统计

石漠化是西南地区的一种主要土地退化形式，不合理的土地开发造成土壤流失、土地生产力下降甚至丧失。我国西部的石漠化主要分布在贵州、云南、广西、四川和重庆 5 省份的喀斯特地区，总面积为 6.01 万 km²，中度与重度石漠化面积分别占石漠化总面积的 41.58%与 6.55%，重度石漠化主要发生在云南东南部和东北部与贵州交界处（图 3-26）。

西部重度石漠化分布面积最大的为云南，其次为贵州、四川和重庆，重度石漠化面积占比最大的是四川，其次为重庆。贵州石漠化严重区域使原本非常严峻的人地矛盾更加突出，很多地方出现"一方土养活不了一方人"的严峻局面，影响到了部分地区农民的生存。云南省石漠化严重的 65 个县处于"九分石头一分土，寸土如金水如油，耕地似碗又似盆"的境地。贫困人口的绝大多数都生活在石漠化较为严重的地区，其

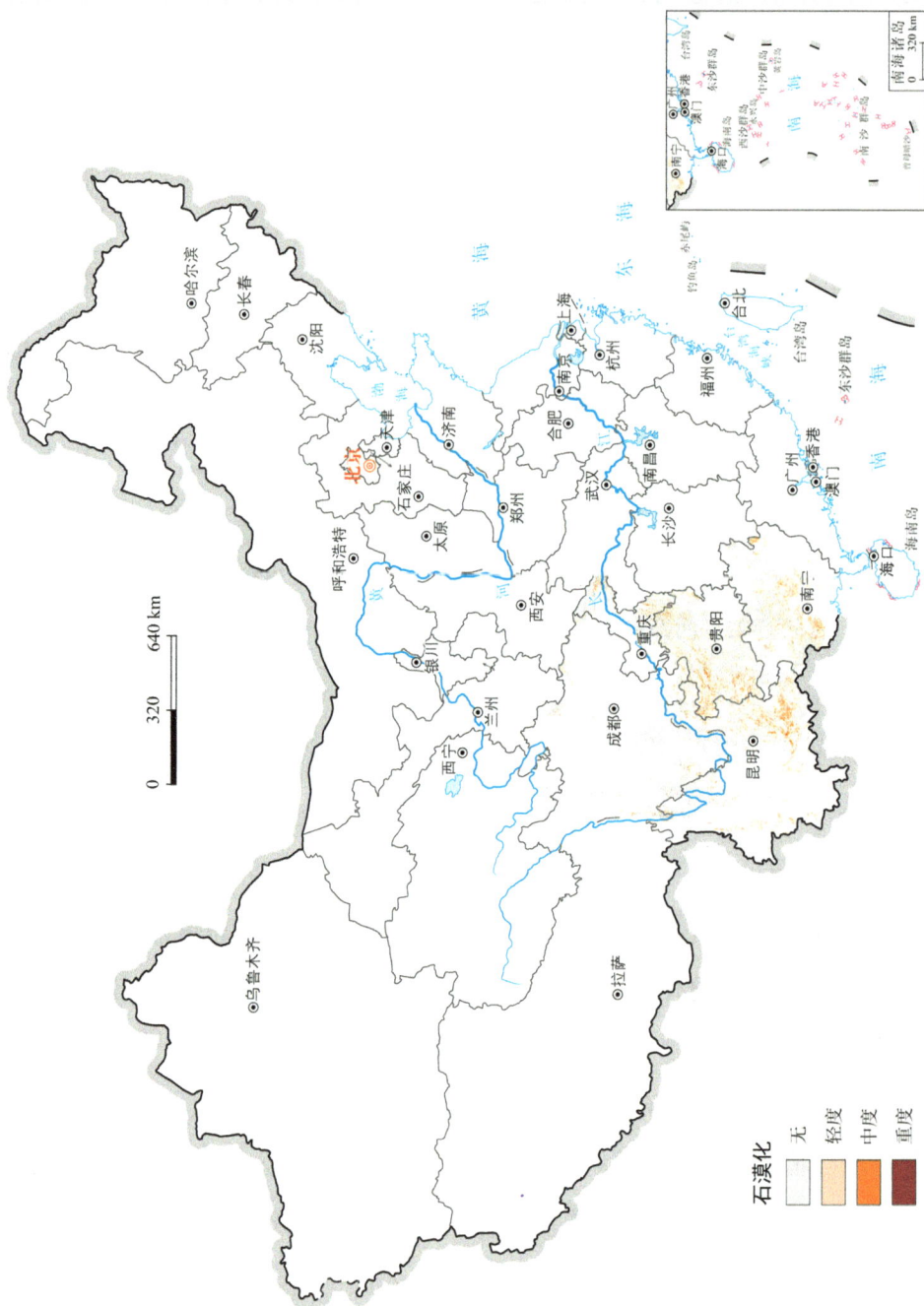

图 3-26　西部石漠化分布图

石漠化

无

轻度

中度

重度

至有些石漠化严重的地区已经丧失了支持人类生存的基本条件，出现了不少的生态难民（图3-27）。

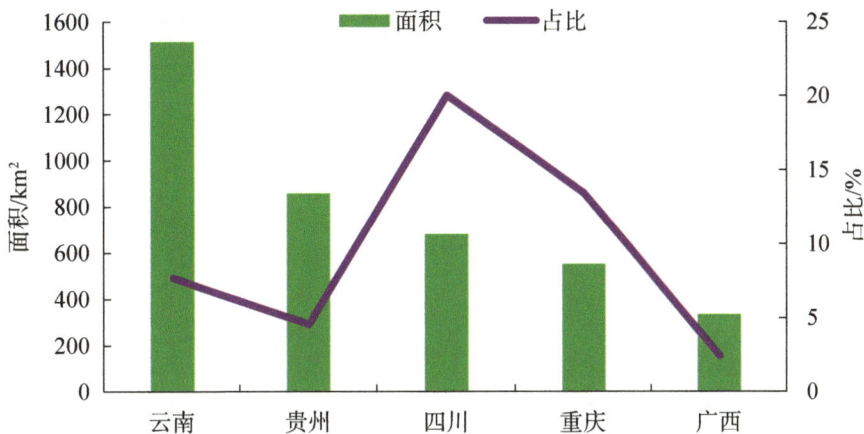

图 3-27　西部重度石漠化面积及占比分地区统计

冻融侵蚀是西部三大侵蚀类型之一，多发生在高纬度、高海拔、气候寒冷的区域。我国西部冻融侵蚀主要分布于青海、西藏、内蒙古、新疆、甘肃、四川。一般认为，冻融侵蚀是高寒地区由于温度变化，土体或岩石中的水分发生相变，体积发生变化，以及由于土壤或岩石不同矿物的差异胀缩，土体或岩石的机械破坏并在重力等作用下被搬运、迁移、堆积的整个过程。反复的冻融过程会影响土壤的物理性质，如团聚体稳定性、水分传导率、抗剪切力、可蚀性等，进而加重土壤侵蚀；冻融作用对土壤性质的破坏也可以增加水力、风力、重力侵蚀等的物质来源，并以水力、风力、重力侵蚀等形式表现出来；同时，土壤冻融作用还具有时间和空间的不一致性，进而影响坡面土体的稳定。冻融作用与水力、风力、重力等外营力复合作用带来的土壤侵蚀问题远超过冻融侵蚀本身的危害（图3-28）。

图 3-28　青藏高原冻融侵蚀问题（照片提供者：张路）

2020 年，西部地区冻融侵蚀荒漠化面积为 36.30 万 km²。其中，轻度冻融侵蚀荒漠化土地面积为 13.40 万 km²，占冻融侵蚀荒漠化总面积的 36.91%；中度为 16.50 万 km²，占冻融侵蚀荒漠化总面积的 45.45%；重度为 3.40 万 km²，占冻融侵蚀荒漠化总面积的 9.37%；极重度为 3.10 万 km²，占冻融侵蚀荒漠化总面积的 8.54%。青藏高原气候寒冷，一些区域全年冻结期可达 7～8 个月（9 月至次年四五月），年均气温为 –6.9～–2℃，是我国最主要的冻融侵蚀区域之一，冻融侵蚀面积占其区域面积的 59.00%，冻融侵蚀产物成为黄河、长江等河流泥沙的主要来源之一。

西部的土地盐渍化也是干旱和半干旱地区普遍存在的问题。西部的土地盐渍化主要是由不合理的灌溉造成的，其中，西北地区的灌溉农业区最为严重。在采取一系列防治措施之后，盐渍化土地面积总体有所减少，但局部地区的问题仍然很严重，大水漫灌等不科学的灌溉手段仍然在不断产生新的次生盐渍化土地。

第四节　生物多样性丧失

我国西部动植物濒危物种数量多，面临的丧失风险大。西部地区是我国野生物种最丰富的地区之一，不仅种类多，而且特有性高，如脊椎动物中的野牦牛、白唇鹿，被子植物中的芒苞草、滇桐等众多物种只分布在西部地区，高度濒危的大熊猫、野骆驼、朱鹮也都集中分布在西部地区，我国西部地区的生物多样性也在全球占有重要地位，我国西南山地、喜马拉雅山都属于全球生物多样性热点地区。然而，巨大的人口压力、长期的生物资源开发、高强度的农业发展、土地改变、环境污染以及交通网络建设，对西部自然生境的干扰加剧，天然森林、草原、湿地等自然生境遭到破坏，栖息地丧失与破碎化严重，野生动植物濒危物种数量多，部分野生物种濒临灭绝。根据第三次全国生态状况调查结果，截止到 2023 年，西部地区列入受威胁等级的物种数达 2022 种，占全国列入受威胁等级的物种总数的 43.0%。其中，绿孔雀、白头叶猴、云南闭壳龟等 82 种物种野外数量稀少，被列为极度濒危物种。

外来物种入侵也是导致西部生物多样性丧失的原因之一。外来物种入侵是当今全球化时代导致生物多样性下降的重要因素之一。外来入侵物种传入定殖并对生态系统、生境、物种带来威胁或者危害。外来入侵物种通过压制或排挤本地物种，往往打破本地生物链平衡，最终导致本地一些物种灭绝。随着世界经济、贸易活动的日益频繁，我国外来物种入侵日益加剧，对我国西部部分地区的生物多样性造成威胁。云南省特殊的地理位置和优越的自然条件，为不同生境需求的动植物提供了多样的生态环境，也使云南成为西部外来物种入侵的"重灾区"。近年来，紫

茎泽兰、水葫芦、红火蚁、草地贪夜蛾等重大外来入侵物种的发生扩散已对生物多样性、生态系统稳定以及居民人身健康产生严重危害，造成了重大经济损失。2019年1月，云南省普洱市首次检测到草地贪夜蛾，仅在当年其入侵范围就扩大到26个省份。草地贪夜蛾能危害小麦、玉米、甘蔗等多种作物以及一些杂草。克氏原螯虾威胁鱼类、甲壳类生物，掘穴打洞对田埂堤坝有破坏性影响，云南红河梯田惨遭其破坏。西南地区的美洲仙人掌成片泛滥形成单一优势种群，原有自然生态系统的生物多样性被破坏。水生生态系统是全球受外来物种入侵影响最严重的生态系统之一，外来入侵鱼类是其中的典型代表。作为宠物有意引进的鳄雀鳝，由于放生、遗弃，它们已在野外湖泊泛滥。鳄雀鳝为肉食性鱼类，对西部水生生态环境及渔业生产造成严重危害。河鲈在入侵中国新疆博斯腾湖后，通过捕食作用已经导致新疆大头鱼的绝迹。外来鰕虎鱼能够捕食土著鱼的鱼卵，其在云南洱海的入侵是导致洱海特有鲤科鱼类和裂腹鱼类濒危的主要原因之一。牛蛙是最具代表性的外来入侵两栖类，作为典型的杂食性机会主义捕食者，牛蛙可以捕食任意体型小于其口宽的无脊椎动物、鱼类、两栖爬行类、鸟类和兽类。在四川、云南等地发现，牛蛙可以捕食超过10纲30多种我国土著动物，且对我国特有两栖动物——滇侧褶蛙无论是捕食个体数还是捕食生物量都具有较高的偏好性。而且，牛蛙的捕食危害到与其同域入侵的克氏原螯虾的种群密度调节，最终对当地蛙类造成复杂的非线性拮抗危害。在繁殖干扰方面，已有研究证实牛蛙可以与本地两栖动物发生种间抱对（繁殖）行为，并且种间抱对的频率要显著高于当地种的种内抱对频率。由于两栖动物的种间抱对通常不能产生后代，这种行为将会大大降低本地两栖类的繁殖率进而威胁本地物种的繁衍。此外，在新疆发现的外来入侵捕食者——北美水貂对本土田鼠的种群密度可能产生主导性影响。

第五节　面临的挑战

西部生态保护仍面临许多挑战，西部是我国地质灾害与森林火灾的高风险区，还是气候变化的生态高敏感区，而更多的挑战来自人类活动对生态系统的不利影响与科技支撑不足等问题，主要挑战包括如下六个方面。

一、受西部自然条件限制，持续推进生态系统保护修复工作成效仍存在诸多问题

（1）重人工建设、轻自然恢复的现象仍未得到有效改变。生态恢复中没有充分发挥自然生态系统的自我恢复潜力，人工投入大。

（2）生态修复目标单一，对生态系统质量与功能提升重视不够。森林和草地生态修复多以植被覆盖率提升为目标，容易忽视群落结构的恢复和优化，导致部分修复工程的水源涵养、固碳等重要生态系统服务功能的提升不明显。

（3）对生态系统恢复过程的长期性认识不足。退化生态系统修复需要经过植被建植、结构优化和功能提升三个关键阶段，实现这一目标需要经过十几年甚至几十年的不懈努力和久久为功。然而，许多生态修复工程项目的执行期一般为3～5年，要求项目区地块不能重叠，导致退化生态系统修复长期目标短期化，难以实现预期目标。

（4）山水林田湖草沙一体化修复的科技支撑不足。不同部门、不同工程、不同资金项目的协调联动机制尚未建立。

127

（5）生态系统保护修复工程效果和效率仍有待提升，缺乏长效治理机制和长期定位监测，生态系统保护修复工程长期处于低投入、低水平建设模式，任务大而全、资金少而散，导致工程的效果有限和效率偏低；缺乏后期管护运营和长效治理机制。

二、发展与生态保护的冲突

保护修复与经济发展的矛盾没有得到根本缓解，个别地方还有"重经济发展、轻生态保护"的现象，以牺牲生态环境换取经济增长，不合理的开发利用活动大量挤占和破坏生态空间。西部经济社会发展滞后于中东部地区，城镇化率、人均GDP、收入均明显低于全国平均水平，经济社会发展需求与脆弱生态环境的矛盾，将可能是今后很长一段时期发展与生态系统保护修复面临的挑战。西部是我国矿产资源的重要产地，根据《中国能源统计年鉴2023》，2022年西部12省份的原煤总产量为27.58亿t（275 824万t），占全国原煤总产量［45.59亿t（455 855万t）］的60.51%。矿产资源开发导致的生态环境破坏和严重环境污染，地面沉降、滑坡、裂缝和溃坝等次生地质灾害频发，给生态系统与人民生命财产带来巨大风险。

三、草地过度放牧问题仍然普遍

西部12省份2020年实际载畜量为5.086亿羊单位，扣除种植饲料作物与其他来源饲料支撑的1.762亿羊单位，草地实际载畜量为3.324亿羊单位，比较草地理论载畜量2.039亿羊单位，草地总体超载1.285亿羊单位，草地超载问题突出，是草地退化、沙化和沙尘暴问题加剧的重要原因。

四、耕地开垦与生态安全矛盾仍然尖锐

根据中国土地利用遥感监测数据，2000 年以来，西部 12 省份共新开垦耕地 3.60 万羊单位，将草地、森林、灌丛和湿地转化为耕地。新开垦耕地主要分布在生态功能重要区与生态高敏感区，大多分布于内蒙古东部科尔沁草原、云南南部等生态系统调节服务和生物多样性保护重要区域，以及新疆准噶尔盆地、塔里木河流域等地生态脆弱区域。分布于极重要和重要生态保护区域的新开垦耕地分别占总开垦面积的 59.5% 和 28.1%。

耕地开垦造成生态产品供给能力受损，抵消了生态保护修复成效，其中，降低了 2678.01 万 t 固沙量、834.36 万 t 固碳量、10.64 亿 m^3 水源涵养量、842.86 万 t 土壤保持量，抵消了部分生态保护修复带来的生态产品供给能力提升，对防风固沙、固碳、水源涵养、土壤保持和生物多样性保护提升的抵消比例分别为 56.12%、26.62%、50.39%、5.32% 和 127.37%（Kong et al.，2023）。

五、缺乏科学的生态保护评估和绩效考核机制

长期以来，西部生态保护成效的考核，只注重单一生态要素，生态建设工程与实施成效自我评估的现象普遍。没有从保障国家和区域生态安全的要求出发设计考核指标和考核机制，导致不合理资源开发得不到追责，保护得不到合理的鼓励，并将人工造林种草等生态建设简单等同于生态保护恢复，加剧生态系统的人工化。

六、科技支撑不足

西部当前面临的各种生态问题，以及发展与生态保护之间的矛盾，

本质上是科技支撑不足。理论上，对西部生态系统与人类活动的相互作用规律与耦合机制认识不足；技术上，未能提供有效的西部退化生态系统恢复与治理的技术和模式。

第六节　西部生态系统保护修复策略与措施

西部是我国优质生态产品的主要供给区，也是预防生态问题与生态风险的关键区，在一定程度上，西部的生态安全决定了全国的生态安全与社会安全。

一、形成与生态承载力相适应的产业发展方向与布局

应充分认识西部生态保护在国家生态安全的地位，这是我国水资源安全、社会安全和经济安全等的重要基础，应协调好各相关安全的关系。坚持尊重自然、顺应自然理念，实行严格的生态保护制度，根据资源、环境与生态承载力编制西部经济和社会发展规划、区域发展战略、产业布局与城市规划，形成与生态承载力相适应的产业发展方向与布局，从源头上降低生态风险。

二、构建西部国土生态空间保护体系

截至 2023 年，西部在川西北、川滇干热河谷、怒江源、天山、浑善达克沙地、秦岭等地区仍有 110 多万 km^2 的生态功能极重要区与生态极敏感区没有划入生态保护红线。需要进一步优化完善重点生态功能区与生态保护红线范围，加快推进以国家公园为主体的自然保护地体系建设，

从区域发展战略、国土空间管控与自然资源保护等多层次构建西部国土空间保护体系。严格控制在生态功能重要区与生态高度敏感区开垦新的耕地，增强西部生态屏障对国家生态安全的保障能力。同时，全面实施西部耕地开垦的生态影响评价，评估开垦对土壤保持、防风固沙与生物多样性保护等生态产品供给能力的影响，避免导致土地沙化、盐碱化等新的生态问题，加剧生态风险。

三、坚持保护优先、自然恢复为主的方针，提高生态系统稳定性

西部地区自然环境条件比较恶劣，尤其要重视遵循生态系统的演替规律，充分发挥生态系统的自生功能。以提高生态系统稳定性、增强生态系统提供产品和服务的能力为目标，坚持保护优先、自然恢复为主的方针，宜林则林、宜草则草、宜荒则荒，科学规范生态建设与生态恢复。在重要的生态功能区采用"退人工用材林和经济林还生态林"的做法。完善生态建设相关政策，提高封山育林、草地封育的经济补贴标准，促进自然恢复。

四、大力发展生态农业，统筹粮食生产与生态保护

针对西部水资源刚性约束，坚持因地施策、以水定粮，加大西部已有耕地的基础设施建设，加大建设高标准基本农田的力度，提高现有耕地粮食生产能力。大力发展以增强生态功能为目标的生态农业，增强耕地的防风固沙、土壤保持、水源涵养等功能，统筹粮食生产与生态保护。

同时，西部干旱半干旱区具备丰富的土地资源、光热资源，耕地开垦与农业开发主要受制于水资源。建议加强重大水利设施建设，改善水资源条件，提升西部后备耕地潜力。

五、系统布局山水林田湖草沙冰一体化生态保护修复工程

以落实"双重"规划为指导，坚持保护优先、自然恢复为主的指导思想，整合生态屏障功能关键区、生态问题区域、气候变化影响和未来生态风险；根据各重点区域的自然生态状况、主要生态问题，系统布局生态保护修复工程，提出可操作性强、符合生态学规律的治理措施。

六、推进建立生态产品价值实现机制

落实"绿水青山就是金山银山"的理念，加快推进制度创新、技术创新，建立生态产品价值实现机制，推进生态产业化，将生态价值转化为经济效益，保障生态产品（尤其是调节服务）提供者的经济利益，促进优质生态产品的供给与生态公平。

七、降低重点生态功能区与生态脆弱区的人口压力

利用城镇化和工业化带来的人口转移机遇，完善城市户籍管理政策、农村土地流转政策、农牧业产业化政策，并统筹扶贫移民、避灾移民和生态保护，引导人口向城镇集聚，降低重点生态功能区与生态脆弱区的人口压力，从根本上解决生态脆弱区保护与发展的矛盾。

八、加快推进将生态效益纳入经济社会评价体系

建立生态资产与生态产品总值核算机制，把生态效益纳入经济社会发展评价体系，实施国内生产总值与生态系统生产总值（GEP）双考核制度，引导各级政府加强生态保护，促进保护与发展协同，预防以牺牲生态环境来发展经济。

第四章

新时期生态系统保护修复发展态势与使命

新时期生态系统保护修复面临国内外的新形势和重大机遇，须加强多学科交叉，并根据国家战略需求来推动重大应用基础研究、自主创新和跨越式发展，助力西部地区的生态系统保护修复与高质量发展。

第一节　新时期生态系统保护修复领域发展态势

实施区域生态系统保护修复，是全球预防和扭转生态系统退化、应对全球气候变化的迫切需求和共同行动。本节重点梳理了全球及我国生态系统保护修复的主要发展态势，即生态系统保护修复目标由原来的以单目标为主逐渐转向可持续发展目标，生态系统保护修复途径由传统的以人为干预为主逐渐转向与自然合作，生态系统保护修复工程由传统的以单要素或单类型为主逐渐转向山水林田湖草沙冰一体化保护修复，通过保护修复促进区域和全球可持续发展。

一、实施生态系统保护修复是全球预防和扭转生态系统退化的共同目标与行动

为了预防和扭转全球生态系统的退化，促进生计改善和人类福祉提升，国际社会发起了一系列生态系统保护修复行动计划或大科学计划，生态系统保护修复已经成为全球的共同行动。联合国于 2019 年宣布实施 2021～2030 年"联合国生态系统恢复十年"行动计划（以下简称"联合国十年"计划）。该行动计划希望在未来十年恢复世界上被砍伐的森林和退化的生态系统，以支撑全球受生态退化影响的 32 亿人的生存；通过统筹气候变化、生物多样性丧失、经济和民生发展等问题，解决全球湿地

和水生态系统严重退化问题（UNEP and FAO, 2019）。此外，联合国《生物多样性公约》（Convention on Biological Diversity，CBD）在"昆明-蒙特利尔全球生物多样性框架"中，提到"确保形成得到有效和公平管理、具有生态代表性和连通性良好的保护区系统以及采取其他有效区域保护措施（Other Effective area-based Conservation Measures，OECMs），使全球陆地和海区至少30%面积得到保护"（CBD，2022）。这个目标也被称为"3030目标"，受到国际社会的广泛支持与认可。

全球生态系统退化严重，生态系统保护修复任重道远。目前全球仅有16.64%的陆地和内陆水域以及7.74%的海洋面积受到保护（UNEP-WCMC et al.，2021）。要想实现"3030目标"，需要大幅增加陆地和海洋受保护面积。全球及区域生态系统保护修复行动计划的实施，将极大促进退化生态系统恢复和人类福祉改善。据"联合国十年"计划，到2030年，将恢复3.5亿hm²退化土地，产生9万亿美元的生态系统服务价值，并从大气中再吸收130亿～260亿t温室气体。

生态系统保护修复行动计划也对该领域科技发展提出具体要求。参与"联合国十年"计划和方案实施的利益相关方，需要在此行动中严格评估效率和效力，主要包括基于未来的全球变化（如气候变化），制定和完善恢复具体生态系统的计划和方案；持续稳定地收集和汇总生态系统恢复的各类数据；量化恢复生态系统给社会带来的惠益；建立生态系统恢复、保护和可持续发展之间的联系；指导地方如何制止栖息地破碎化、提高生物多样性、保护关键物种和恢复野生动物走廊；运用系统思维方法研究社会生态系统中复杂的非线性关系，为生态系统恢复提供决策信息（UNEP and FAO，2019）。

我国长期致力于生态系统的改善及修复，并在生态系统保护修复方面积累了丰富的经验（王夏晖等，2021）。针对"联合国十年"计划，我国将持续践行生态保护理念，全面推动绿色低碳发展，并在国际合作中

贡献中国方案，充分体现我国对全球生态保护修复的责任担当。目前，我国已有多项生态保护修复项目积极申请并参与到"联合国十年"计划的行动中，力求探索"以自然为基础"和"以人为本"的综合解决方案。例如，针对占地球陆地面积41%、支撑着全球约38%的人口、拥有全球约1/3的生物多样性热点地区、为28%的濒危物种提供栖息地等的全球干旱区，中国科学家傅伯杰院士领衔组织了"全球干旱生态系统国际大科学计划"（Global-DEP），一方面致力于提高干旱生态系统对全球环境变化响应的系统认知，另一方面是探索增强干旱生态系统恢复力和实现联合国可持续发展目标的发展路径。全球干旱生态系统国际大科学计划将全球从事干旱区生态环境研究的科学家联合起来，为全球干旱生态系统研究和管理提供方法论和路线图。我国在生物多样性保护方面也取得巨大进展，到2023年，各类保护区覆盖陆域国土面积的18%以上（Fan et al.，2023）。

二、生态系统保护修复由原来的以单目标为主逐渐转向可持续发展目标

联合国可持续发展目标（Sustainable Development Goals，SDGs）致力于通过协同行动消除贫困，保护地球并确保人类享有和平与繁荣。联合国可持续发展目标的17个目标于2015年底提出，在联合国千年发展目标所取得的成就之上，增加了气候变化、经济平等、创新、可持续消费、和平与正义等新领域。可持续发展目标中关于生态保护修复方面的内容集中出现在目标14与15中，该目标旨在保护、修复和促进可持续利用陆地与水生生态系统，可持续地管理森林，防治荒漠化，制止和扭转土地退化，阻止生物多样性丧失（刘珉和张鑫，2017）。

在联合国可持续发展目标生态系统保护修复的相关目标实施过程中，

需重点关注以下几个方面：陆地和内陆的淡水生态系统及其服务的保护、修复和可持续利用；推动对森林的可持续管理及退化森林的修复，鼓励全球植树造林和再造林；加强荒漠化防治及退化土地和土壤修复；减少自然栖息地的退化，遏制生物多样性的丧失；采取措施防止引入外来入侵物种并大幅减少其对陆地和水域生态系统的影响；将生态系统和生物多样性价值观纳入国家和地方规划、发展进程、减贫战略和统计核算。

我国高度重视可持续发展目标的实现，已在国土绿化、提高生态系统质量、增强生态系统稳定性、保护生物多样性方面取得积极进展（中国国际发展知识中心，2023）。为实现 2030 年可持续发展目标，我国仍需在以下方面不断完善，包括：提供激励生态系统保护修复的公共政策，继续实施重大生态修复工程，加强生态系统对气候变化的响应及适应规律等基础理论及关键技术的研究和应用，促进与国际社会在应对气候变化、森林可持续经营、湿地和草原修复、荒漠化防治等方面的合作。

三、生态系统保护修复途径由传统的以人为干预为主逐渐转向与自然合作

基于自然的解决方案（Nature-based Solutions，NbS）是指受自然启发并依托于自然的解决方案，旨在以资源高效利用和适应性强的方式应对各类挑战；同时提升环境、社会和经济效益，增强社会－生态系统的韧性（Faivre et al.，2017）。2015 年欧盟委员会将基于自然的解决方案纳入"地平线 2020"计划，拟实现以下 4 个目标：①可持续城市化；②修复退化的生态系统；③缓解和应对气候变化；④提高风险管理和生态恢复力（刘佳坤等，2019）。以实施严格、实验验证的基于自然的解决方案成为扭转生态系统退化的有效框架（Cohen-Shacham et al.，2019）。

世界自然保护联盟（International Union for Conservation of Nature，IUCN）提出了基于自然的解决方案 8 项准则及 28 项指标（世界自然保护联盟，中华人民共和国自然资源部，2021），倡导依靠自然过程和基于生态系统的方法，应对气候变化、防灾减灾、粮食安全、水安全、生态系统退化和生物多样性丧失等社会挑战。这 8 项准则包括：①明确基于自然的解决方案要应对的社会挑战，如气候变化、防灾减灾、生态系统退化、生物多样性丧失等；②根据问题的尺度进行规划，主要指景观地理尺度，干预措施一般在场地尺度实施；③确定环境基线，用于了解当前环境状况，保障环境可持续性；④确定社会基线，用于了解当前社会公平性状况，保障社会公平性；⑤确定经济基线，用于了解当前经济状况，保障经济可行性；⑥对短期和长期收益作出权衡和取舍，建立透明、公平和包容的实施和评估过程；⑦对适应性管理需求作出响应；⑧提倡将概念和行动纳入政策或监管框架，并将其与国家目标或国际承诺联系起来。

基于自然的解决方案包含五类基本方法：生态系统修复方法、针对生态系统特定问题的方法、基础设施的有关方法、基于生态系统管理的方法、生态系统保护方法。基于自然的解决方案颠覆了以往片面依赖技术手段实施生态治理的方式，其"基于自然"的核心理念，与中国传统的天人思想十分契合。基于自然的解决方案的相关理念、准则、方法、工具及一系列成功案例对我国生态系统保护修复理论发展与实践应用具有重要的启示和借鉴意义。

四、生态系统保护修复工程由以单要素或单类型为主逐渐转向系统性设计与推进

党的十八大以来，习近平总书记从中华民族复兴和人类永续发展

的宏观视野提出了"山水林田湖草是生命共同体"原则，强调统筹"山水林田湖草沙"系统治理。山水林田湖草生命共同体的理论基础是生态系统生态学，在流域生态学和景观生态学理论的共同支撑下，诠释生态系统各个要素时空格局及流域内部各生态系统之间的耦合机制，通过复合生态系统理论构建山水林田湖草生命共同体的社会、经济、自然生态系统的"架构"体系，实现生态系统健康与人类福祉和谐并可持续的共同发展，是山水林田湖草生命共同体的最终目标（吴钢等，2019）。

山水林田湖草沙冰一体化保护修复，针对保护修复对象单一、各项目系统性不足的问题，要求综合考虑自然生态系统的系统性、完整性，以江河湖流域、山体山脉等相对完整的自然地理单元为基础，结合行政区域划分，科学合理确定生态工程实施范围和规模；针对以往单一要素或单一目标的生态系统保护修复，要求在区域或流域、生态系统、场地等不同空间尺度上统筹各类要素治理；针对一些生态系统保护修复工程存在的生态本底不清、目标设定过高或者存在一定盲目性等问题，要求强化生态现状调查，明确生态功能定位、自然生态状况和社会经济状况等；针对生态系统保护修复成效的时空动态变化特征，要求根据不同保护修复尺度、层级和限制性因素阈值，设定生态系统保护修复总体目标和具体目标，统筹近期与远期目标；针对不同类型的生态系统保护修复单元，要求因地制宜、合理选择保护修复模式与措施（保护保育、自然恢复、辅助再生或生态重建），并开展生态系统保护修复工程全过程动态监测和生态风险评估。

第二节 科技支撑西部生态系统保护修复面临的主要问题

随着新时期生态文明建设的全面落实，科技支撑西部生态屏障生态系统保护修复也面临一些问题与挑战，主要是生态系统保护修复的治理技术及模式单一，生态系统保护修复的系统性和整体性不足；跨平台、多尺度、多学科信息融合力度较弱，部分自然生态系统保护修复的主要机理和核心技术尚未根本解决，国家、地方和企业协同攻关模式尚未取得实质性、突破性进展；技术研发与成果转化、适用技术推广应用不够广泛，对生态系统保护修复工程建设的支撑作用仍需继续强化。存在的问题主要体现在以下几个方面。

一、生态系统保护修复的理念缺乏整体性

在已有的西部地区生态系统保护修复过程中，对于山水林田湖草沙冰作为生命共同体的内在机理和规律认识不足，缺乏从整体上对于"生命共同体"的系统性把握，已有的工程还难以满足整体保护、系统修复、综合治理的战略需求，导致生态系统保护修复还局限于各点突破、各处开花的局面，全局性、系统性的理论研究、战略部署、技术集成仍显不足，部分生态系统保护修复的目标、内容和措施显得单一，就事论事多，长远谋划少；强调覆盖率提升多，注重服务功能恢复少；单一生态类型修复明显，整体修复仍有差距。

二、生态系统保护修复的技术缺乏系统性

由于西部地区气候、水文、土壤、植被等自然本底条件的显著差异，生态修复目标各有侧重，不同区域间在生态系统保护修复的主要目标、重点任务、关键技术等方面存在显著差异。西北地区水资源供给结构性矛盾突出，部分地区水资源过度开发，水生态空间被侵占，流域生态系统保护修复用水保障、水质改善、生物多样性保护等面临严峻挑战。在干旱半干旱地区，如何克服缺水的限制从而达到生态系统保护修复的目标，是生态系统保护修复迫切需要解决的问题。因此，该区面临着生态系统保护修复关键技术缺失的挑战，需要从理论上进行突破，研发适宜旱区新的生态系统保护修复的关键技术、方法和措施等，为科学准确地进行生态系统的保护修复提供参考。在西南地区由于垂直差异显著，生态类型复杂，地震和山地灾害频发，石漠化现象还没有从根本上得到遏制。此外，2018 年以来，尽管我国开展了山水林田湖草沙一体化保护和修复工程，相关研究也在逐步开展并深入，但目前生态系统各要素耦合关系及相互作用机制尚不清晰，系统性的生态修复技术研发正处于起步与探索阶段，缺乏强有力的理论支撑，保护与修复的单一技术水平有所提升，但支撑绿色高质量发展的技术体系还未形成。

三、生态系统保护修复的评估体系尚未建立

在气候变化和人为干扰的驱动作用下，西部地区的生态系统处于动态变化之中。生态系统保护修复成效的评估基准值或背景值是科学判断生态保护修复效果，定量解析生态系统保护修复措施的关键和基础。因此，合理选择和确定生态系统保护修复成效评估基准是一个需要深入研究的科学难题。在空间上，选择同一地理分区或生态分区范围内生态系统

质量较好的生态保护区域作为评估基准是科学合理的，但是选择多大空间范围内的基准值作为评估基准就成为一个难题。在时间尺度上，如何科学合理地选择一个时间跨度范围作为生态系统保护修复评估的时间基准，从而反映生态系统的原始状况或者稳定状况难度就很大。虽然我国在西部地区针对不同的生态系统类型或小流域开展了不同尺度的生态评估，但由于评估的方法不统一、抽样点位不足、评估的连续性不够等原因，目前还缺乏能够为政府、专家和民众普遍接受认可的评估体系。

四、生态系统保护修复还需要与多元化新技术融合

准确而丰富的观测数据是生态系统保护修复成效评估的基础，直接影响着评估结果的可靠性与准确性。但是，大多数生态系统保护修复区域处于人烟稀少的区域，社会关注度较低，观测技术方法和科学认知水平也不高，致使地面观测数据空缺或严重不足。目前主要的生态系统保护修复措施实施区域及其成效评估也证明了这一客观事实。近年来，迅速发展的卫星遥感、无人机等新型观测技术，可以提供满足生态系统保护修复成效评估需要的部分生态观测数据。如何集成多元化的生态系统观测技术并利用多元数据同化方法弥补生态保护修复区域观测数据的空缺，仍然是生态系统保护修复成效评估所面临的一个科学技术难题。

第三节　科技支撑西部生态系统保护修复的新使命新要求

近年来，国际国内关于生态系统保护修复的关注度逐渐提升。国际

上，联合国面向 2030 年可持续发展目标的实践进程不断深化，"联合国十年"计划的发布实施，《联合国防治荒漠化公约》《生物多样性公约》《联合国气候变化框架公约》等相关国际公约的履约责任等都要求我国在生态系统保护修复领域继续加大科技投入和科技支撑，在国际社会树立负责任的生态文明大国形象，进一步提高国际影响力和话语权。

中国已踏上迈向第二个百年奋斗目标的新征程，《中华人民共和国国民经济和社会发展第十四个五年规划和 2035 年远景目标纲要》在"十四五"时期经济社会发展主要目标中，明确了"生态环境持续改善，生态安全屏障更加牢固"的目标，以及到 2035 年实现生态环境根本好转的远景目标。生态保护和高质量发展成为国家和区域发展中的重大战略，《全国重要生态系统保护和修复重大工程总体规划（2021—2035 年)》《黄河流域生态保护和高质量发展规划纲要》《青藏高原生态屏障区生态保护和修复重大工程建设规划（2021—2035 年)》等一系列相关规划陆续发布实施。

我国生态屏障主要在西部，是生态系统保护修复的战略优先区。面对国内外的新形势和重大机遇，必须在科技支撑上加大投入、深化改革、锐意创新，助力我国西部生态屏障的系统保护修复与高质量可持续发展。

一、新阶段西部生态屏障建设对生态系统保护修复领域科技支撑的重大需求

（一）对西部生态屏障的时空演变规律及驱动机制的认识

我国西部生态屏障区生态系统类型多样、生物多样性水平高、南北跨度和地形梯度大、环境条件差异大、受人类活动影响显著，因此，须加强和深化多尺度、多维度和综合性的西部生态屏障形成条件以及生态

结构与功能分布格局、人与自然耦合关系等重大基础科学问题的研究，推动我国保护生态学、恢复生态学和地球表层系统科学的跨越式发展，鼓励和支持原始创新，提高学科发展水平和国际影响力，为生态系统保护修复领域的技术进步和实践发展提供更为全面可靠的科学依据。

（二）生态屏障区观测、评价、模拟技术创新

着力实现天空地一体化系统动态监测技术、生态系统变化评价方法与技术、生态屏障指标体系与标准、健康诊断和模拟预警技术、大数据集成应用技术和管理决策支持平台等一系列技术、方法和模型的研发从"跟跑"到"并跑"和"领跑"的转变。逐渐摆脱对国外生态监测、模拟等领域专业仪器设备、模型方法和软件的依赖，促进相关技术、方法和模型的专业化、国产化和产业化发展。

（三）生态系统保护修复的创新模式与可持续发展

亟须加强生态系统保护修复领域创新模式的开发、试验示范和集成应用的科技支撑。建立和完善相关技术标准、生态系统保护修复过程及成效评价体系与技术规范，促进技术的集成创新和实践化应用，提高生态系统保护修复领域从技术研发、模式集成到高效应用的可持续发展能力。

二、新阶段生态系统保护修复领域科技支撑西部生态屏障建设的新使命

科技支撑生态系统保护修复能力建设涉及生态系统保护修复重大基础理论创新、关键技术攻关及适用技术集成和应用推广，自然生态资源和重大工程建设监测监管，重大生态灾害综合防控等，对切实提高西部

生态屏障自然资源保护管理能力，巩固生态系统保护修复建设成果具有重要意义，是维护国家生态安全、推动高质量发展的重要基础。

（一）加强多学科交叉综合，推动人与自然耦合重大基础理论创新

生态系统保护修复涉及自然科学、社会科学和工程技术等众多学科领域。西部生态屏障区也同样是自然生态环境与人类经济社会发展的综合体。在新时期战略需求的推动下亟须推进学科交叉与综合，面向生态系统保护修复的现实需求，重点在西部生态屏障区自然生态演变机制、经济社会高质量发展的生态环境保障机制、自然系统与人类经济社会系统的耦合协调机制等重大基础科学问题上获得突破，为生态屏障区的生态系统保护修复实践提供理论指导。

（二）响应国家战略需求，推动重大应用基础研究

针对深化国家生态文明战略的"双重"规划等一系列全国性、区域性生态系统保护修复的中长期规划不断发布实施、生物多样性保护及以国家公园为主体的自然保护地体系持续建设、"绿水青山就是金山银山"理论和生态产品价值实现及"碳中和"等重大国家需求，强化重大应用基础研究的部署，直接服务于相关规划和战略的有效实施和动态优化。

（三）切实推动生态系统保护修复领域的自主创新和跨越式发展

面向生态系统保护修复领域支撑我国西部生态屏障建设的技术需求，从生态环境变化的综合观测与大数据应用、生态系统保护修复的试验示范、观测试验装置、定量模型、保护管理等关键技术方向，建立产学研相结合的长效发展机制，促进自主研发和关键技术集成和产品化、市场化发展，推动我国从生态系统保护修复领域的技术应用大国向自主技术研发强国的转变。

（四）增强生态系统保护修复标准化规范化管理的科技支撑与政策保障

生态系统保护修复是协调人类经济社会发展与自然生态系统关系的重要途径。所以，需要通过标准化规范化体系建设，促进生态系统保护修复实践的系统性与整体性。从中央到地方各相关职能部门以及行业企业在生态系统保护修复中都需要加强调查评价、规划管理、工程实施等方面的标准化规范化建设。因此必须加大标准规范的完善和相关领域的科技投入，以促进各级政府、各个部门、各相关行业在生态系统保护修复领域的高效实践和优化管理。

第五章

科技支撑西部生态系统保护修复的重点任务

面向生态保护与经济社会可持续发展的国家重大需求，以西部生态安全与其他安全要素的协同保障、生态安全格局构建与优化、生态系统保护修复关键技术和模式研发等为重点方向布局科技力量，为西部生态系统保护修复提供科技支撑。

第一节　科技支撑西部生态系统保护修复的战略体系

一、总体思路与原则

（一）总体思路

以习近平新时代中国特色社会主义思想为指导，深入贯彻习近平生态文明思想，牢固树立绿色发展理念，按照节约优先、保护优先、自然恢复为主的方针，以提高生态系统质量和功能为核心，以解决区域突出生态问题为重点，研究西部地区生态安全与生态保护修复的科技需求，科学布局科技支撑我国西部生态屏障建设的战略体系，提出战略性、关键性、基础性科技问题，部署我国西部生态屏障建设的战略任务，持续提升科技支撑能力，为服务国家重大决策，构筑国家生态安全屏障以及中华民族可持续发展和长治久安履行国家科技力量职责。

（二）原则

1. 面向国家重大需求

针对我国生态系统保护修复、生物多样性保护、以国家公园为主体的自然保护地体系建设、"双碳"目标等生态系统保护修复领域的国家重大需求，明确生态系统保护修复在西部经济社会转型发展中的引领作用，合理布局科技力量。

2. 坚持创新驱动

针对西部生态系统保护修复领域的突出问题，实施创新驱动发展战略，坚持原始科技创新，充分发挥科技创新在生态系统保护修复中的引领作用，促进前沿科学技术与生态系统保护修复的交叉融合，解决我国西部地区生态安全、可持续发展面临的重点难点问题。

3. 坚持开放合作

坚持以全球视野谋划和推动生态系统保护修复发展的科技创新，结合"一带一路"倡议，主动融入全球生态系统保护修复创新网络，共享创新成果；整合国内不同学科、不同部门的研究力量以开展联合科技攻关，培养高科技人才和团队，开发新的技术手段，突破生态系统保护修复关键技术与模式。

二、三层次方向布局

（一）战略性科技方向

围绕西部生态安全、生物多样性保护、经济社会可持续发展等国家重大战略性和全局性需求，以西部生态安全与其他安全要素的协同保障、生态安全格局构建与优化、协同推进生物多样性保护与应对气候变化战略、生态系统保护修复与高质量发展等为重点方向，布局科技力量。

（二）关键性科技方向

瞄准西部地区生态系统保护修复领域科技布局中的短板弱项，提出关键性科技布局重点方向，重点关注水资源开发与生态风险、生态系统对全球变化的响应与适应、生物多样性保护与自然保护地体系构建技术、生态系统保护修复一体化治理技术与模式、生态系统固碳增汇技术等。

（三）基础性科技方向

针对生态系统保护修复领域科技发展能力建设和基础条件不足的问题，重点围绕生态系统监测网络建设、生态系统大数据平台构建、生态系统与野生动植物物种调查等开展基础性科技布局。

三、阶段目标

（一）2025 年目标

以提升西部地区生态系统质量、保障区域生态安全、提升优质生态产品供给能力为目标，以国家公园为主体的自然保护地体系构建、山水林田湖草沙冰一体化保护修复技术研发、生态系统固碳减排潜力提升、生物入侵防控、生态产品价值核算与机制实现等为重点布局科技力量，到 2025 年，生态系统保护修复领域的科技创新能力和国家战略需求的科技保障能力得到提升，西部地区生态系统保护修复一体化关键治理技术与模式得以构建，生态系统监测网络与大数据平台初步构建，生态系统保护修复科技创新人才队伍初步形成。

（二）2035 年目标

以全面提升生态系统质量、增强生态产品的供给能力为目标，以生态安全屏障优化、山水林田湖草沙冰一体化保护修复技术、西部生态产业发展等为重点布局科技力量，到 2035 年，生态系统保护修复领域的科技创新能力得到进一步增强，生态系统保护修复方向国家战略科技需求基本得到保障；生态系统保护修复一体化关键治理技术与模式全面构建，生态系统智慧监测网络与生态系统大数据平台不断完善，高水平的生态系统保护修复科技创新人才队伍得以形成。

（三）2050 年目标

以实现西部地区人与自然和谐相处、生态安全得到全面保障为目的布局科技力量，到 2050 年，生态系统保护修复方向国家战略科技需求得到全面保障，生态系统智慧监测网络与大数据平台、高层次的生态系统保护修复科技创新人才队伍全面建立。

第二节　科技支撑西部生态系统保护修复的战略任务

一、三层次科技任务

（一）战略性科技任务

1. 西部生态安全与其他安全要素的协同科技保障

本任务对于完善全国生态安全格局，服务"双碳"目标、"双重"规划、能源战略具有重要意义。围绕生态安全与其他安全要素开展研究，重点方向包括生态安全－水安全－粮食安全、生态安全与能源安全、生态安全与边防安全的互作关系，提出生态安全与其他安全要素的多安全协同保障体系。目前，中国科学院的相关研究所在生态安全格局构建、水安全构建、粮食安全构建等方面具有长期的研究基础，但尚未建立生态安全与其他安全要素的协同科技保障机制，建议国家、中国科学院和地方政府等部署相关科技攻关专项。

2. 西部地区生态安全屏障构建与管理

本任务对于完善和落实主体功能区制度、构建完备的生态安全格局和保障体系具有重要意义。重点围绕生态系统服务与生态安全的关系、

生态安全屏障的构建与优化方法、生态空间与生态保护红线的划定与管理等开展研究。目前，中国科学院的相关研究所在生态系统评估、生态安全格局构建、生态保护红线划定等方面具有长期的研究基础，建议国家、中国科学院和地方政府等部署相关科技攻关专项。

3. 西部地区协同推进生物多样性保护与应对气候变化战略

生物多样性丧失与气候变化是全球面临的两大生态问题，在西部地区这两大问题表现尤为突出，本任务对于推进中国履行《联合国气候变化框架公约》和《生物多样性公约》具有重要意义。研究重点包括气候变化与生物多样性丧失的关系、生物多样性对气候变化的响应与适应、生物多样性保护与应对气候变化战略的协同推进机制等。目前，中国科学院的相关研究所在生态系统及珍稀濒危物种保护、自然保护地体系建设、青藏高原生态系统及野生动植物物种对全球变化的响应与适应等方面开展研究，建议国家、中国科学院和地方政府等部署相关科技攻关专项。

4. 西部地区生态系统保护修复与高质量发展

本任务对于贯彻落实"双重"规划、"绿水青山就是金山银山"理念、黄河流域高质量发展战略等具有重要意义。重点围绕西部地区生态系统保护修复与生态产品供给之间的关系、生态资产与生态产品价值核算方法、生态产品价值实现的路径与模式、生态补偿标准与成效等开展研究。目前，中国科学院的相关研究所在生态产品价值核算与机制实现路径、生态补偿机制等方面具有长期的研究基础，建议国家、中国科学院和地方政府等部署相关科技攻关专项。

（二）关键性科技任务

1. 西部地区水资源开发与生态风险

本任务对于落实"双重"规划等具有重要意义，重点围绕水资源承载能力、水资源开发利用现状、农业用水与生态用水的关系、人类活动和全球气候变化影响下水资源变化趋势、不同水资源开发情景下的生态风险、社会－生态－经济协调发展的水资源优化配置、高效用水技术与水安全保障对策等开展研究。目前，中国科学院干旱半干旱区的相关研究所研究基础好，建议国家、中国科学院和地方政府等部署相关科技攻关专项。

2. 西部地区生态系统对全球变化的响应与适应

在全球变化背景下，明确青藏高原、内蒙古高原等西部生态屏障如何响应并反馈全球变化，无论从区域生态安全层面，还是社会经济层面都具有重要意义。本任务将重点围绕气候变化和人类活动作用下生态系统及野生动植物物种的响应适应规律、生态系统退化风险、西部脆弱生态系统应对和减缓气候变化的方案制定等方面进行布局。目前，中国科学院的相关研究所在青藏高原等区域开展了生态系统及野生动植物物种对全球变化的响应与适应的研究，建议国家、中国科学院和地方政府等部署相关科技攻关专项。

3. 生物多样性保护与自然保护地体系构建技术

本任务对于实现 2030 年全球生物多样性保护目标、推进以国家公园为主体的自然保护地体系建设具有重要意义。研究将重点围绕西部地区濒危自然生态系统和濒危物种的濒危机制与保护修复技术、野生生物种质和遗传资源评估与保存技术、外来入侵生物的入侵机制与风险防控技术、以国家公园为主体的自然保护地体系构建及保护成效提升技术等开展研究。目前，中国科学院的相关研究所在生态系统及珍稀濒危物种保护、自然保护地体系建设等方面具有长期的研究基础，建议在相关部门布局的重点专项中给予支持。

4. 西部地区一体化保护修复技术

本任务对于落实"双重"规划、促进山水林田湖草沙冰一体化保护修复、实现基于自然的解决方案在中国的落地等具有重要意义。研究将重点围绕西部地区生态修复与经济社会协同发展、不同生态系统服务的权衡、山水林田湖草沙冰一体化修复模式、人工草地的稳定演替和人工林的自我更新技术、多功能协调提升恢复技术等开展研究。目前中国科学院的相关研究所在青藏高原、内蒙古高原、长江上游、黄土高原、喀斯特地区、北方防沙带等西北生态屏障区域开展了长期研究，提出了典型区域生态恢复模式，建议在科技部、自然资源部等相关部门布局的重点专项中给予支持，或者在中国科学院的重点任务中给予支持。

5. 西部地区生态系统固碳增汇技术

本任务对于落实"双碳"目标、"双重"规划等具有重要意义。研究将重点围绕西部地区森林、草地、湿地等生态系统的碳汇现状、生态系统固碳机制、固碳功能与其他生态系统服务的关系、固碳增汇技术、以增汇为目标的生态恢复新模式与示范等开展研究。目前，中国科学院在青藏高原、内蒙古高原、黄土高原、川滇等生态屏障区域开展了初步研究，制定了"中国科学院科技支撑碳达峰碳中和战略行动计划"，建议在中国科学院设立的"双碳"先导专项，或者科技部等重点专项中给予支持。

6. 西部地区生态系统保护修复其他关键技术与设备装备研发

本任务对于落实"双重"规划等具有重要意义，主要包括重大基础设施建设的保护修复技术，基于无人机、大数据、人工智能、基因组等多种技术手段的野生动植物类型及种群的快速识别技术，木本和草本鲜活植物地上生物量无损观测技术与设备，天然草原抗逆增效草种包衣技术，基于大数据和人工智能的生态产品价值核算方法与一体化核算技术平台，建议在科技部等重点专项中给予支持。

（三）基础性科技任务

1. 生态系统保护修复的关键基础科学问题

（1）西部地区社会 – 经济 – 自然复合生态系统耦合机理。重点研究西部地区复合生态系统结构－过程－功能基本特征，解析社会－经济－自然系统耦合机理及其效应，探讨社会－经济－自然复合生态系统演变的关键影响因子与驱动机制，构建社会－经济－自然复合生态系统研究的理论框架和方法，探索大数据、人工智能技术在测度复合生态系统结构和功能中的应用前景，为准确认识社会－经济－自然复合生态系统演变规律奠定基础。

（2）极端环境生态学基础理论研究。西北地区是高寒、干旱等特征共存的特殊环境区，发育着诸多特殊的生态系统，在全球变化的背景下，深入开展极端环境生态学基础理论的研究对于深入理解极端环境下生态系统维持机制至关重要，为生态系统保护修复提供了理论基础。重点围绕极端环境生态系统结构与功能的维持机制、生态系统物质循环与能量流动、全球变化和人类活动背景下生态系统的响应和适应研究等开展研究，形成极端环境生态学这个新的学科方向。

2. 西部地区生态系统与野生动植物本底调查与监测

本任务是西部地区开展生态系统保护修复的基础性工作，对于落实"双重"规划、促进山水林田湖草沙冰一体化保护修复等具有重要意义。重点围绕天－空－地一体化调查与监测体系的构建，国家重点保护野生动植物物种、农林水产种质资源状况，生态系统格局、质量、服务的现状及变化趋势，西部生态产品与服务对全国生态安全的贡献，生态承载力、生态问题与生态风险的监测与预警技术，生态系统保护修复工程的成效评估等开展研究，形成西部地区生物多样性监测平台。

3. 西部屏障区生态系统保护修复大数据建设

本任务对支撑联合国可持续发展目标、生物多样性保护、"双重"规划的实施等具有重要意义。重点探索建立以大数据、人工智能为基础，涵盖生态系统、野生动植物物种、遗传基因等不同层次，社会－经济－自然耦合的大数据平台，基于大数据的理念，设计具有能够灵活应用大数据分布式存储和分布式计算的架构，建设具有数据汇交、数据共享、数据分析、数据服务、信息服务等功能的生态监测及数据汇集平台。

第三节　科技支撑西部生态系统保护修复的战略保障

一、完善跨部门跨学科跨行业的合作机制

围绕西部生态安全保障的重大需求，充分整合国家、部门、地方和企业的科研力量，加强生态科学与其他学科的交叉和合作，加强科研机构与政府部门的合作，打通基础研究到管理应用的壁垒。建议中国科学院与相关部委联合开展战略性科技任务研究，与科技部等联合进行技术性科技任务研究，并在中长期规划中予以落地；中国科学院、国家自然科学基金委员会资助解决基础性研究任务，国际计划由中国科学院、科技部、国家自然科学基金委员会与国外相关机构共同实施。加强产学研结合模式的实施和执行，提高引导和示范效应，实现技术创新和产业化发展，实现科技项目与生态工程、生态衍生产业的有机结合。

二、完善投入保障机制

建议建立多层次、多渠道的科技投融资体系，从根本上改变西北地区生态保护修复技术科技投入明显不足的状况。按照中央与地方事权和支出责任划分的要求，加快建立与生态系统保护修复研究支出责任相适应的财政管理制度；加大对政府和社会资本合作模式的支持力度，吸引

社会资金参与研究项目以及相应的示范工程；鼓励社会资本以市场化方式设立研究和生态补偿基金；鼓励创业投资企业、股权投资企业和社会捐赠资金增加生态系统保护修复研究经费投入。

三、加强平台保障体系建设

（一）实验室与示范基地建设

整合当前生态系统保护修复领域重要团队和顶尖科学家，建立生态系统保护修复国家实验室或"西部生态保护与修复全国重点实验室群"，开展生态系统保护修复基础研究、技术攻关、装备研制、标准规范建设。从学科布局、建设水平、运行管理、创新能力等方面推进服务于生态系统保护修复的国家和省部级重点实验室、科研示范基地与野外生态定位研究站等科研平台建设。

（二）生态系统保护修复监测监管系统

在西部地区构建一个多层次、多类型的生态监测网络，完善长期定位监测站和网点，加强关键区域生物多样性长期监测，及时掌握野生动植物物种、不同类型生态系统及功能等的变化趋势，实现生态系统保护修复工程全程动态监管。加强数据协同保障，做好调查监测数据、科技成果等的数据共享，为国家生态环境督察工作提供技术支撑。

四、加强人才队伍建设

（一）加强科技队伍建设

结合科技部科研专项与重点研发项目、中国科学院战略性先导专项等重大科技任务的组织实施，培养生态系统保护修复领域的战略科学家、

科技领军人才和创新团队。完善青年人才培养，实施"基础研究领域青年团队计划"，稳定支持优秀青年团队和青年交叉团队；加大"西部之光"人才培养计划实施力度，支持西部地区生态系统保护修复方向优秀青年人才和优秀团队的快速成长。此外，大力培养生态系统保护修复管理、生态产业经营等方面的科技人才，推动生态系统保护修复工程的实施与成效提升。

（二）搭建引才聚才平台

通过深化开放合作交流机制，强化"百人计划"等品牌和特色优势，采用"一人一策"等举措，加大海外顶尖科学家引才力度；积极推进与国内外高等院校、科研院所、企业、组织的合作，鼓励西部地区不同学科科技人员之间的合作。

五、加强国际合作

面向全球变化效应与应对、生物多样性保护、国家公园建设、基于自然的解决方案以及"一带一路"倡议实施过程中生态保护科技需求，建立完善与相关国家、国际组织、研究机构、民间团体的交流合作机制，搭建对话交流平台，设立专项国际合作课题，推进国际交流合作，全面提升国际化水平。在推进全球干旱生态系统国际大科学计划、可持续发展大数据国际研究中心、世界山地生物圈保护区网络等中国科学院主导与参与的国际合作平台和科学计划的基础上，开辟更多的国际合作渠道。拓展深化与中亚和南亚周边国家在跨境生物多样性保护、生态修复和可持续发展方面的合作，注重在共建"一带一路"国家和地区以及广大发展中国家中开展生态系统保护修复科技研发和示范工作，因地制宜地推广生态环境保护与修复的中国技术和中国经验。

参 考 文 献

白中科，周伟，王金满，等 . 2019. 试论国土空间整体保护、系统修复与综合治理 [J]. 中国土地科学，33(2): 1-11.

白中科 .2021. 国土空间生态修复若干重大问题研究 [J]. 地学前缘，28(4):1-13.

包美丽，韩静，刘菲，等 .2023. 内蒙古自治区退耕还林还草工程建设成效浅析 [J]. 内蒙古林业调查设计，46(6):13-15,9.

博文静，王莉雁，操建华，等 . 2017. 中国森林生态资产价值评估 [J]. 生态学报，37(12): 4182-4190.

陈妍，周妍，包岩峰，等 . 2023. 山水林田湖草沙一体化保护和修复工程综合成效评估技术框架 [J]. 生态学报，43(21): 8894-8902.

重庆市规划和自然资源局 .2024. 锚固高质量发展的空间底线——聚焦重庆市生态保护红线划定与管理 [J]. 资源导刊，(9):56-57.

段廷璐，李娜，黄志旁，等 . 2024. 我国国家公园建设进展分析和发展展望 [J/OL]. 生态学报，(12):1-9.https://doi.org/10.20103/j.stxb.202307051444[2024-06-22].

段绪萌，韩美，孔祥伦，等 .2024. 退耕还林（草）工程前后黄河流域生态系统碳储量时空演变与模拟预测 [J/OL]. 环境科学 :1-18.https://doi.org/10.13227/j.hjkx.202310021[2024-06-23].

高阔 .2024. 科尔沁地区山水林田湖草沙一体化保护和修复的应用与研究 [J]. 建筑施工，46(4):480-484.

龚长安 . 2021. 国家重点生态功能区政策效应研究——以长江经济带相关区域为例的实证分析 [D]. 武汉：华中科技大学 .

关凤峻，刘连和，刘建伟，等 .2021. 系统推进自然生态保护和治理能力建设——《全国重要生态系统保护和修复重大工程总体规划 (2021—2035 年) 》专家笔谈 [J]. 自然资源学报，36(2): 290-299.

郭庆华，刘瑾，李玉美，等 . 2016. 生物多样性近地面遥感监测：应用现状与前景展望 [J]. 生物多样性，24(11): 1249-1266.

郭子良 . 2016. 中国自然保护综合地理区划与自然保护区体系有效性分析 [D]. 北京：北京林业大学 .

国家发展和改革委员会，自然资源部 . 2020. 全国重要生态系统保护和修复重大工程总体 规 划 (2021—2035 年)[EB/OL]. https://www.ndrc.gov.cn/xxgk/zcfb/tz/202006/

P020200611354032680531.pdf[2024-06-20].

国家发展和改革委员会办公厅 . 2017. 发展改革委办公厅关于明确新增国家重点生态功能区类型的通知 [EB/OL]. https://www.gov.cn/xinwen/2017-02/08/content_5166513.htm[2024-06-20].

国家林业和草原局 . 2020. 中国退耕还林还草二十年 (1999—2019)[EB/OL]. https://www.forestry.gov.cn/html/main/main_195/20200630085813736477881/file/20200630090428999877621.pdf[2024-06-20].

国务院 . 2010. 国务院关于印发全国主体功能区规划的通知 [EB/OL]. https://www.gov.cn/zwgk/2011-06/08/content_1879180.htm[2024-06-20].

侯鹏 , 王桥 , 申文明 , 等 . 2015. 生态系统综合评估研究进展 : 内涵、框架与挑战 [J]. 地理研究 , 34(10): 1809-1823.

胡玲 , 孙聪 , 范闻捷 , 等 .2021. 近 20 年防风固沙重点生态功能区植被动态分析 [J]. 生态学报 , 41(21):8341-8351.

环境保护部 , 发展和改革委员会 , 财政部 . 2013. 关于加强国家重点生态功能区环境保护和管理的意见 [EB/OL]. https://www.mee.gov.cn/gkml/hbb/bwj/201302/t20130201_245861.htm[2024-06-20].

黄斌斌 , 郑华 , 肖燚 , 等 . 2019. 重点生态功能区生态资产保护成效及驱动力研究 [J]. 中国环境管理 , 11(3): 14-23.

贾晓红 , 吴波 , 余新晓 , 等 .2016. 京津冀风沙源区沙化土地治理关键技术研究与示范 [J]. 生态学报 , 36(22): 1-5.

李君轶 , 傅伯杰 , 孙九林 , 等 . 2021. 新时期秦岭生态文明建设 : 存在问题与发展路径 [J]. 自然资源学报 , 36(10): 2449-2463.

李世芳 . 2024. 四川将构建两区三屏、一轴三带 [N]. 成都日报 ,2024-05-31(4).

李文华 , 刘某承 . 2010. 关于中国生态补偿机制建设的几点思考 [J]. 资源科学 , 32(5): 791-796.

李月辉 , 胡远满 , 王正文 . 2023. 山水林田湖草沙一体化保护和修复工程与景观生态学 [J]. 应用生态学报 , 34(1): 249-256.

梁森 , 张建军 , 王柯 , 等 .2023. 区域生态保护修复碳汇潜力评估方法与应用——基于第一批山水林田湖草生态保护修复工程的研究 [J]. 生态学报 ,43(9):3517-3531.

梁思琪 .2022. 我国参与及发起国际大科学计划相关研究综述 [J]. 今日科苑 , (1):22-32.

刘璨 , 刘浩 , 朱文清 , 等 .2024. 退耕还林工程对中国粮食生产动态影响研究 [J/OL]. 南京林业大学学报 (自然科学版):1-10.http://kns.cnki.net/kcms/detail/32.1161.S.20240619.1500.002.html[2024-06-23].

刘格格 , 周玉玺 , 葛颜祥 .2024. 生态补偿何以促进生态保护红线区农户共同富裕 ?[J]. 中国人口·资源与环境 , 34(4):197-209.

刘佳坤 , 呇涛 , 赵宇 , 等 . 2019. 面向城市可持续发展的自然解决途径 (NBSs) 研究进展 [J]. 生态学报 , 39 (16): 6040-6050.

刘珉 , 张鑫 . 2017. 联合国可持续发展目标与生态保护修复 [J]. 绿色中国 , (23): 62-66.

刘世梁 , 董玉红 , 王方方 , 等 . 2023. 生态系统服务价值评估在生态修复中的应用 [J]. 中国生态农业学报 (中英文), 31(8): 1343-1354.

刘韬，和兰娣，赵海鹰，等 .2022. 区域生态产品价值实现一般化路径探讨 [J]. 生态环境学报，
　　31(5): 1059-1070.

刘晓曼，王超，王燕，等 .2024. 青海祁连山区山水林田湖草生态保护修复工程生态成效评估
　　[J/OL]. 生态学报 ,(14):1-14.https://doi.org/10.20103/j.stxb.202310052136[2024-06-22].

刘永恒 .2023. 财政部等三部门召开山水林田湖草沙一体化保护和修复工程推进会 [J]. 中国财
　　政 , (21):36.

罗莎莎，赖庆标，王旭东，等 .2024. 基于生态保护红线的生态安全格局构建与国土空间修复
　　分区 [J]. 农业工程学报，40(7):288-297.

罗万云，王福博，戎铭倩 .2022. 国家重点生态功能区生态—经济—社会系统耦合协调的动态
　　演化——以新疆阿勒泰地区为例 [J]. 生态学报，42(12): 4729-4741.

牟雪洁，张箫，王夏晖，等 . 2022. 黄河流域生态系统变化评估与保护修复策略研究 [J]. 中国
　　工程科学 ,24(1): 113-121.

聂鹏程，钱程，覃锐苗，等 .2023. 天空地一体化信息感知与融合技术发展现状与趋势 [J]. 智
　　能化农业装备学报 (中英文),(2):1-11.

牛丽楠，邵全琴，宁佳，等 .2022. 西部地区生态状况变化及生态系统服务权衡与协同 [J]. 地
　　理学报，77(1): 182-195.

欧阳志云，张路，吴炳方，等 . 2015. 基于遥感技术的全国生态系统分类体系 [J]. 生态学报，
　　35(2): 219-226.

欧阳志云，郑华，高吉喜，等 . 2009. 区域生态环境质量评价与生态功能区划 [M]. 北京：中
　　国环境科学出版社 .

欧阳志云，郑华 .2014. 生态安全战略 [M]. 北京：学习出版社，海南出版社 .

潘伟 .2023. 乌梁素海样本：重塑"山水林田湖草沙"生态圈 [J]. 国资报告 , (11): 111-116.

彭建，党威雄，刘焱序，等 . 2015. 景观生态风险评价研究进展与展望 [J]. 地理学报 , （4）:
　　664-677.

彭建，吕丹娜，董建权，等 . 2020. 过程耦合与空间集成：国土空间生态修复的景观生态学认
　　知 [J]. 自然资源学报，35(1): 3-13.

秦大河，丁一汇，王绍武，等 . 2002. 中国西部生态环境变化与对策建议 [J]. 地球科学进展，
　　17(3): 314-319.

邱利平，赵康平，刘冬梅 .2024. 四川省国家重点生态功能区保护发展面临的问题与对策建议
　　[J]. 四川环境，43(2): 125-131.

任海，彭少麟 .2001. 恢复生态学导论 [M]. 北京：科学出版社 .

生态环境部环境规划院 .2019.2018 中国 SDGs 指标构建及进展评估报告 [R].

师贺雄 . 2016. 长江、黄河中上游地区退耕还林工程生态效益特征及价值化研究 [D]. 北京：
　　中国林业科学研究院 .

世界自然保护联盟 . 2021. IUCN 基于自然的解决方案全球标准 [M]. 中华人民共和国自然资源
　　部编译 .

宋一鸣 .2022. 陕西省巴山区域生态保护红线划定研究 [D]. 杨凌：西北农林科技大学 .

苏艳军，严正兵，吴锦，等 . 2022. 生态遥感新方法及其在自然保护地天空地一体化监测中的
　　应用 [J]. 植物生态学报，46(10): 1125-1128.

孙博文 . 2022.建立健全生态产品价值实现机制的瓶颈制约与策略选择 [J]. 改革 , (5): 34-51.

孙鸿烈 . 2011.中国生态问题与对策 [M]. 北京：科学出版社 .

孙久文，崔雅琪，张皓 . 2022.黄河流域城市群生态保护与经济发展耦合的时空格局与机制分析 [J]. 自然资源学报 , 37(7): 1673-1690.

唐小平，欧阳志云，蒋亚芳，等 . 2023.中国国家公园空间布局研究 [J]. 国家公园 (中英文), (1): 1-10.

田永莉，白力军，孙聪，等 . 2024.内蒙古自治区国家重点生态功能区县域生态环境保护绩效评价研究 [J/OL].内蒙古大学学报 (自然科学版):1-11.http://kns.cnki.net/kcms/detail/15.1052.N.20240530.1735.003.html[2024-06-23].

汪芳甜 . 2018.北方农牧交错带退耕还林生态效应评价：以乌兰察布市为例 [D]. 北京：中国农业大学 .

王静雅 . 2021.若尔盖县山水林田湖草生态保护修复分区划定及对策研究 [D]. 成都：成都理工大学 .

王军，应凌霄，钟莉娜 . 2020.新时代国土整治与生态修复转型思考 [J]. 自然资源学报 , 35(1): 26-36.

王威，胡业翠 . 2020.改革开放以来我国国土整治历程回顾与新构想 [J]. 自然资源学报 , 35(1): 53-67.

王伟，辛利娟，杜金鸿，等 . 2016.自然保护地保护成效评估：进展与展望 [J]. 生物多样性 , 24(10): 1177-1188.

王夏晖，何军，牟雪洁，等 . 2021.中国生态保护修复 20 年：回顾与展望 [J]. 中国环境管理 , 13(5): 85-92.

魏彦强，李新，高峰，等 .2018.联合国 2030 年可持续发展目标框架及中国应对策略 [J]. 地球科学进展 , 33(10): 1084-1093.

翁文斌，王忠静，赵建世 . 2004.现代水资源规划：理论、方法和技术 [M]. 北京：清华大学出版社 .

吴炳方，朱伟伟，曾红伟，等 . 2020.流域遥感：内涵与挑战 [J]. 水科学进展 , 31(5): 654-673.

吴钢，赵萌，王辰星 . 2019.山水林田湖草生态保护修复的理论支撑体系研究 [J]. 生态学报 , 39(23): 8685-8691.

吴亮，王瑛，董草，等 .2024.云南省自然保护地现状特征及其体系重构规划策略 [J]. 安徽农业科学 ,2024,52(8):100-105，112.

夏军，翟金良，占车生 . 2011.我国水资源研究与发展的若干思考 [J]. 地球科学进展 , 26(9): 905-915.

许闯胜，宋伟，李换换，等 . 2023.中国生态修复的实践错位问题与应对措施 [J]. 资源科学 , 45(1): 222-234.

杨吉 . 2017.基于县域尺度的三峡库区（重庆段）山水林田湖生命共同体健康研究 [D]. 重庆：重庆师范大学 .

杨莉 . 2022.生态保护红线区草原生态补偿机制重构研究：以锡林郭勒为例 [D]. 呼和浩特：内蒙古农业大学 .

杨雪婷，邱孝柠，朱付彪，等 .2023.长江上游重点生态功能区生态系统服务福祉效应与层级

差异研究 [J]. 长江流域资源与环境, 32(4):797-808.

杨宇琪. 2023. 重点生态功能区生态系统服务功能与经济发展耦合协调分析: 以秦巴生物多样性生态功能区为例 [D]. 成都: 四川省社会科学院.

于贵瑞, 杨萌, 陈智, 等. 2021. 大尺度区域生态环境治理及国家生态安全格局构建的技术途径和战略布局 [J]. 应用生态学报, 32(4): 1141-1153.

于慧, 李丽娟, 李永红, 等. 2022. 内蒙古自治区山水林田湖草沙生态保护修复实践与思考 [J]. 赤峰学院学报 (自然科学版), 38(10):6-10.

于元赫, 吴健. 2021. 国家重点生态功能区发展与保护状况研究 [J]. 环境科学与技术, 44(12):219-229.

喻永红. 2014. 退耕还林可持续性研究: 以重庆万州为例 [D]. 杭州: 浙江大学.

曾双贝, 王恒颖, 徐卫平, 等. 2024. 自然保护地体系下西藏国家草原自然公园试点实践及经验 [J]. 西藏科技, (3):18-22.

张晓颜. 2023. 对云南省国土空间生态修复实践的思考与认识 [J]. 自然资源情报, (12):7-12.

赵荣钦, 黄贤金, 揭文聚, 等. 2022. 碳达峰碳中和目标下自然资源管理领域的关键问题 [J]. 自然资源学报, 37(5): 1123-1136.

赵世豪. 2021. 自然保护地体系下国家地质公园的发展与建设探讨 [D]. 北京: 中国地质大学 (北京).

赵文飞, 宗路平, 王梦君. 2024. 中国自然保护区空间分布特征 [J]. 生态学报, 44(7):2786-2799.

郑可君, 李琛, 吴映梅, 等. 2022. 基于价值评估的川滇生态屏障区生境质量时空演变及其影响因素 [J]. 生态与农村环境学报, 38(11):1377-1387.

中国国际发展知识中心. 2023. 中国落实 2030 年可持续发展议程进展报告 (2023) [R].

周侃, 樊杰, 周道静, 等. 2024. "十五五"时期我国生态地区的战略格局与优化 [J]. 中国科学院院刊, 39(4): 676-688.

周妍, 苏香燕, 应凌霄, 等. 2023. "双碳"目标下山水林田湖草沙一体化保护和修复工程优先区与技术策略研究 [J]. 生态学报, 43(9): 3371-3383.

邹长新, 王燕, 王文林, 等. 2018. 山水林田湖草系统原理与生态保护修复研究 [J]. 生态与农村环境学报, 34(11): 961-967.

Besnard S, Koirala S, Santoro M, et al. 2021. Mapping global forest age from forest inventories, biomass and climate data[J]. Earth System Science Data, 13(10): 4881-4896.

CBD. 2022. The Kunming-Montreal Global Biodiversity Framework [C].

Cohen-Shacham E, Andrade A, Dalton J, et al. 2019. Core principles for successfully implementing and upscaling Nature-based Solutions[J]. Environmental Science & Policy, 98: 20-29.

Faivre N, Fritz M, Freitas T, et al. 2017. Nature-Based Solutions in the EU: Innovating with nature to address social, economic and environmental challenges[J]. Environmental Research, 159: 509-518.

Fan X Y, Xu W H, Zang Z H, et al. 2023. Representativeness of China's protected areas in conserving its diverse terrestrial ecosystems[J]. Ecosystem Health and Sustainability, 9: 0029.

Gong S H, Xiao Y, Xiao Y, et al. 2017. Driving forces and their effects on water conservation

services in forest ecosystems in China[J]. Chinese Geographical Science, 27(2): 216-228.

Huang B B, Li R N, Ding Z W, et al. 2020. A new remote-sensing-based indicator for integrating quantity and quality attributes to assess the dynamics of ecosystem assets[J]. Global Ecology and Conservation, 22: e00999.

Huang B B, Lu F, Sun B F, et al. 2023a. Climate change and rising CO_2 amplify the impact of land use/cover change on carbon budget differentially across China[J]. Earth's Future, 11(3): e2022EF003057.

Huang B B, Lu F, Wang X K, et al. 2024. Ecological restoration is crucial in mitigating carbon loss caused by permafrost thawing on the Qinghai-Tibet Plateau[J]. Communications Earth & Environment, 5: 341.

Huang B B, Lu F, Wang X K, et al. 2021. Ecological restoration and rising CO_2 enhance carbon sink, counteracting climate change in northeastern China[J]. Environmental Research Letters, 17: 014002.

Huang B B, Yang Y Z, Li R N, et al. 2022. Integrating remotely sensed leaf area index with Biome-BGC to quantify the impact of land use/land cover change on water retention in Beijing[J]. Remote Sensing, 14(3): 743.

Huang B B, Lu F, Wang X K, et al. 2023b. The impact of ecological restoration on ecosystem services change modulated by drought and rising CO2[J]. Global Change Biology, 29(18): 5304-5320.

Jiang L, Xiao Y, Zheng H, et al. 2016. Spatio-temporal variation of wind erosion in Inner Mongolia of China between 2001 and 2010[J]. Chinese Geographical Science, 26(2): 155-164.

Kong L Q, Wu T, Xiao Y, et al. 2023. Natural capital investments in China undermined by reclamation for cropland[J]. Nature Ecology & Evolution, 7(11): 1771-1777.

Kong L Q, Zheng H, Rao E M, et al. 2018. Evaluating indirect and direct effects of eco-restoration policy on soil conservation service in Yangtze River Basin[J]. Science of the Total Environment, 631-632: 887-894.

Li R N, Zheng H, O'Connor P, et al. 2021. Time and space catch up with restoration programs that ignore ecosystem service trade-offs[J]. Science Advances, 7(14): eabf8650.

Li W T, Pacheco-Labrador J, Migliavacca M, et al. 2023. Widespread and complex drought effects on vegetation physiology inferred from space[J]. Nature Communications, 14(1): 4640.

Liu H, Gong P, Wang J, et al. 2021. Production of global daily seamless data cubes and quantification of global land cover change from 1985 to 2020-iMap World 1.0[J]. Remote Sensing of Environment, 258: 112364.

Lu F, Hu H F, Sun W J, et al. 2018. Effects of national ecological restoration projects on carbon sequestration in China from 2001 to 2010[J]. Proceedings of the National Academy of Sciences of the United States of America, 115(16): 4039-4044.

Mo L D, Zohner C M, Reich P B, et al. 2023. Integrated global assessment of the natural forest carbon potential[J]. Nature, 624(7990): 92-101.

Ouyang Z Y, Zheng H, Xiao Y, et al. 2016. Improvements in ecosystem services from investments in natural capital[J]. Science, 352: 1455-1459.

Ouyang Z Y, Song C S, Zheng H, et al. 2020. Using gross ecosystem product (GEP) to value nature in decision making[J]. Proceedings of the National Academy of Sciences of the United States of America, 117(25): 14593-14601.

Rao E M, Xiao Y, Lu F, et al. 2023. Preservation of soil organic carbon (SOC) through ecosystems' soil retention services in China[J]. Land, 12(9): 1718.

Spawn S A, Sullivan C C, Lark T J, et al. 2020. Harmonized global maps of above and belowground biomass carbon density in the year 2010[J]. Scientific Data, 7(1): 112.

UNEP, FAO. 2019. United Nations Decade of Ecosystem Restoration (2021-2030)[EB/OL]. https://undocs.org/Home/Mobile?FinalSymbol=A%2FRES%2F73%2F284&Language=E&DeviceType=Desktop&LangRequested=False[2019-03-06].

UNEP-WCMC, UNEP, IUCN. 2021. Protected Planet Report 2020—Tracking progress towards global targets for protected and conserved areas[EB/OL]. https://livereport.protectedplanet.net/[2021-06-30].

Xu W H, Fan X Y, Ma J G, et al. 2019. Hidden Loss of Wetlands in China[J]. Current Biology, 29(18): 3065-3071.e2.

Xu W H, Viña A, Kong L Q, et al. 2017a. Reassessing the conservation status of the giant panda using remote sensing[J]. Nature Ecology & Evolution, 1(11): 1635-1638.

Xu W H, Xiao Y, Zhang J J, et al. 2017b. Strengthening protected areas for biodiversity and ecosystem services in China[J]. Proceedings of the National Academy of Sciences of the United States of America, 114(7): 1601-1606.

Xu Z X, Ma J F, Zheng H, et al. 2024. Quantification of the flood mitigation ecosystem service by coupling hydrological and hydrodynamic models[J]. Ecosystem Services, 68: 101640.

Zheng H, Li Y F, Robinson B E, et al. 2016. Using ecosystem service trade-offs to inform water conservation policies and management practices[J]. Frontiers in Ecology and the Environment, 14(10): 527-532.